MITTEILUNGEN DER KOMMISSION FÜR QUARTÄRFORSCHUNG
DER ÖSTERREICHISCHEN AKADEMIE DER WISSENSCHAFTEN

Band 19

DIE LÖSS-SEQUENZ WELS/ASCHET

(ehemalige Lehmgrube Würzburger)

Ein Referenzprofil für das Mittel- und Jungpleistozän
im nördlichen Alpenvorland (MIS 16 bis MIS 2)

DIRK van HUSEN & JÜRGEN M. REITNER (HRSG.)

ÖAW
Österreichische Akademie
der Wissenschaften

VERLAG DER
ÖSTERREICHISCHEN AKADEMIE DER WISSENSCHAFTEN

Eigentümer und Verleger: Österreichische Akademie der Wissenschaften

Herausgeber: Prof. Dr. Gernot Rabeder für die Kommission für Quartärforschung der Österreichischen Akademie der Wissenschaften, Institut für Paläontologie der Universität Wien, Geozentrum, Althanstraße 14, A-1090 Wien, Österreich

Layout und Satz: Dr. Gerhard Withalm, Institut für Paläontologie der Universität Wien, Geozentrum, Althanstraße 14, A-1090 Wien, Österreich

Druck: Edelbacher Druck Ges.m.b.H.
Eduardgasse 6-8, A-1180 Wien, Österreich

ISBN 978-3-7001-6992-5

Verlag der Österreichischen Akademie der Wissenschaften
Tel.: +43-1-51581-3401, Fax +43-1-51581-3400
Postgasse 7, A-1010 Wien

E-Mail: verlag@oeaw.ac.at
http://hw.oeaw.ac.at/6992-5
http://verlag.oeaw.ac.at

INHALTSVERZEICHNIS

Vorwort

Seit den ersten Versuchen in den 1970er Jahren, den Zeitraum der Bildung der Ter-rassenlandschaft der Traun-Enns-Platte mittels paläomagnetischer Untersuchungen einzuengen (Fink et al., 1976), ist die Methode weit fortgeschritten. Durch die Kenntnisse über kurzzeitige geomagnetische Exkursionen und deren zeitliche Stellung während der Brunhes Chron schien es Erfolg versprechend die ca. 12 m mächtigen, reich gegliederten Deckschichten der Lehmgrube Würzburger (Aschet/Wels) noch-mals detailliert nach den modernen Standards zu untersuchen. Zusätzliche Information zur zeitlichen Einstufung von hangenden Teilen der Lössablagerungen versprach auch der Einsatz der Lumineszenz Datierung, zumal erste Versuche (Stremme et al., 1991) viel versprechend waren.

Als Grundlage der angestrebten Verknüpfung der Entwicklung der Deckschichten mit den glazialen (Endmoränen) und fluvioglazialen (Terrassen) Ablagerungen im Vorland der Ostalpen waren die Detailkartierungen für die Blätter 49 Wels, 64 Straßwalchen, 65 Mondsee, 66 Gmunden und 67 Grünau im Almtal der Geologischen Spezialkarte 1:50.000. Sie erlauben ein geschlossenes Bild über die geologisch-sedimentologischen Zusammenhänge der Ablagerungen durch die Eiszeiten in ihrer regionalen Verteilung. Ein wesentlicher Aspekt war noch, dass die Lage der ehemaligen Lehmgrube eine direkte Verknüpfung der Bildung der Terrassenlandschaft der Traun mit der Entwicklung der Sequenz der Lösslehmlagen und Paläoböden versprach. Außerdem bestand noch die Möglichkeit in unmittelbarer Nähe der früher bearbeiteten Profile (Fink et al., 1976, 1978) die alte Abbauwand wieder zugänglich zu machen. Die durch die Kommission für Quartärforschung der ÖAW ermöglichte Grabung erschloss das Profil, das durch Terhorst (Würzburg) pedologisch und Scholger (Leoben) paläomagnetisch untersucht wurde. Die OSL Proben wurden von Fiebig (Wien) im Aufschluss entnommen und von Preusser (Bern) bearbeitet.

Die in den Einzelarbeiten dargelegten Ergebnisse der Untersuchungen zeigen ein gut übereinstimmendes Bild der Entwicklung der Eiszeiten und Deckschichten mit der globalen Klimaentwicklung.

Der Beitrag zur geologischen Entwicklung (van Husen & Reitner) zeigt auf, dass die beginnende Erosion im Älteren Deckenschotter als Auslöser für die Löss-Sedimentation am Rand der Traun-Enns-Platte dient. Dadurch ist eine direkte Verbindung mit der Chronologie der Vergletscherung möglich. Das Muster der Abfolge von Lösslehmlagen und Paläoböden erlaubt eine Korrelation zu den bekannten vier Eiszeiten proportional zu ihrer Stärke, gemessen an der Eisausbreitung und Terrassenbildung. In Übereinstimmung mit globalen Paläoklimadaten (Tiefsee- und Eisbohrkerne) erfolgte nach Ablagerung des Älteren Deckenschotters im Günz (Marines Isotopenstadium (MIS) 16) die stärkste Löss-Sedimentation im Profil während MIS 12 (Mindel) gefolgt von MIS 6 (Riß) und 2 (Würm). Ein Grund warum sich diese Zyklen im Vorland der Ostalpen so deutlich in den Ablagerungen

widerspiegeln liegen wohl darin, dass die Gletscher der Ostalpen nur zum Höhepunkt der stärksten Eiszeiten Piedmontgletscher im Alpenvorland ausbildeten und somit die Lössbildung begünstigten. Dabei haben teilweise übermäßig große Eiszungen im Kremstal lokal zu besonders günstigen Verhältnissen geführt. In schwächer ausgebildeten Eiszeiten, (MIS 10, 8) ohne Gletscherzungen und Terrassenbildung im Vorland waren diese hingegen wesentlich weniger günstig.

Terhorst, Ottner & Holawe präsentieren einerseits eine detaillierte Neugliederung des Deckschicht-Profils bestehend aus einer Abfolge von Lösslehmen und überwiegend interglazialen Paläoböden. Mit Hilfe von Verwitterungsintensitäten insbesondere basierend auf mineralogischen aber auch granulometrischen Daten werden vor allem die Bodenbildungsphasen nach der Ablagerung des Älteren Deckenschotters (MIS 16) charakterisiert und mit den bekannten Interglazialen (MIS 5e, 7, 9, 11, 13 und 15) korreliert.

Die geochemische Charakterisierung der Verwitterungsintensität (Reitner & Ottner) stellt eine wesentliche Ergänzung zu den pedologischen und mineralogischen Untersuchungen nur mit größerer Feinauflösung dar und ergab ein ähnliches Bild der Intensitäten wie diese.

Die paläomagnetischen Untersuchungen (Scholger & Terhorst) zeigen, dass die gesamte Abfolge von der Bodenbildung auf dem Älteren Deckenschotter beginnend in der normal polarisierten Brunhes Chron liegt. Die festgestellten geomagnetischen Exkursionen werden aufgrund sedimentologischer Überlegungen in das Zeitintervall von 570 ka (Emperor - Big Lost - Calabrian Ridge) bis 110 ka (Blake) gestellt.

Der Versuch, die Deckschichten mit Optisch Stimulierter Lumineszenz (OSL) zu datieren (Preusser & Fiebig), ergab eine gute Übereinstimmung mit den Ergebnissen der anderen Untersuchungen für die beiden jüngsten Zyklen MIS 2 (Würm) und MIS 6 (Riß). Die in den tiefer liegenden Lösslehmlagen und Paläoböden gewonnen Daten führten zu einem anderen Altersmodell, das die untersten ~ 60% der Lössablagerungen als Produkte der schwach ausgebildeten kalten Phasen innerhalb MIS 7 und der relativ schwächeren Kaltzeit MIS 8 ausweist. Eine Erklärung für diese, den Ergebnissen der anderen Untersuchungen widersprechenden, asynchrone Sedimentation wird einerseits in einem möglichen räumlich wie zeitlich von den großen Inlandeismassen abgekoppelten Verhalten der Alpengletschern gesucht. Andererseits bestünde, trotz geringer Erfahrung bei älteren OSL-Daten, methodisch kein Grund daran zu zweifeln, dass diese Daten den Ablagerungszeitraum der Lösslagen widerspiegeln.

Wir möchten uns bei Christoph Spötl (Innsbruck) für die Durchsicht und Korrektur, die den gesamten Band wesentlich verbessert hat, herzlich bedanken.

Die in der Verantwortung der einzelnen Autoren liegenden Arbeiten stellen das Ergebnis der gemeinsam im Gelände durchgeführten Untersuchungen dar und geben den heutigen Stand der Vorstellungen zur Entstehung der Landschaft im östlichen Alpenvorland mit allen offenen Fragen dar.

Preface

First attempts to date the "Ältere Deckenschotter" in the Traun-Enns region by paleomagnetic measurements started in the 1970ies and suggested a deposition within the Brunhes Chron. Meanwhile, improvements of the method and progress in the understanding of geomagnetic excursions made it suitable to reinvestigate in detail the 12 m-thick sequence of weathered loess and paleosols in the brickyard Würzburger at Aschet/Wels.

In addition to paleomagnetic studies, optically stimulated luminescence (OSL) measurements were carried out because earlier thermoluminescence (TL) work (STREMME et al., 1991) had shown promising results in the upper part of the sequence.

Detailed mapping over the past 30-40 years provided the basis for correlating the loess sequence with glacial (terminal moraines) and fluvioglacial (terraces) deposits on the northern rim of the Eastern Alps. These observations lead to a coherent picture of the geological-sedimentological relationships of glacial (terminal moraines) and fluvioglacial (gravel terraces) sediments.

Importantly, the position of the old brickyard on the edge of a terrace allows to unambiguously correlate the loess sequence with the terrace of the river Traun. In addition, it was possible to access the site of the previously investigated profiles (FINK et al., 1976, 1978). This study was supported by the Commission of Quaternary Investigations of the Austrian Academy of Sciences.

Field and laboratory work were carried out by B. Terhorst, F. Ottner and F. Holawe (paleopedology), R. Scholger (paleomagnetism) and M. Fiebig (OSL sampling) and F. Preusser (OSL measurements). The results show a picture of glaciations, periods of terrace accumulation, and loess deposition consistent with the known pattern of global climate change during the Pleistocene.

The paper by VAN HUSEN & REITNER explains the connection of the beginning of the loess deposition on the edge of "Traun-Enns-Platte" with erosion into the "Ältere Deckenschotter". Thus, loess accumulation may be correlated with the development of the glaciers and starts with the most extensive glaciation (Mindel). The pattern of loess layers and paleosols can be correlated with the known four glaciations according to their relative strengths which are reflected by the extent of the paleoglaciers and their related fluvioglacial terraces. Consistent with global paleoclimate data from deep-sea sediments and Antarctic ice cores the most extensive period of loess accumulation, following the deposition of the "Ältere Deckenschotter" during Marine Isotope Stage (MIS) 16 (Günz), occurred during MIS 12. Younger loess-depositional periods during MIS 6 (Riß) and 2 (Würm) were less intensive.

One of the reasons for this clearly documentation of these cycles in the foreland de-posits is that glaciers in the Eastern Alps only developed piedmont glaciers at the climax of the strongest glaciations. This was favouring loess development in their surroundings. Therefore partly very huge ice tongues in the Krems Valley led locally to especially good conditions. Lesser developed glaciations like MIS 10 and 8 without tongues and terrace forming in the foreland only provided significantly less good conditions.

TERHORST, OTTNER & HOLAWE present a new and detailed interpretation of the profile of weathered loess and paleosols. Using mineralogical and granulometric data as indicators of weathering intensity the paleosols above the "Ältere Deckenschotter" are characterized and correlated with interglacials of MIS 5e, 7, 9, 11, 13, and 15.

A study of the weathering intensity using geochemical methods (REITNER & OTTNER) supports and refines this interpretation.

The paleomagnetic investigations (SCHOLGER & TERHORST) confirm that the entire sequence above the "Ältere Deckenschotter" was deposited during the Brunhes Chron. Geomagnetic excursions identified in this section are correlated with the interval between 570 ka (Emperor-Big Lost - Calabrian Ridge) and 110 ka (Blake) based on sedimentological observations.

OSL data (PREUSSER & FIEBIG) for the two younger cycles (MIS 2, 6) are in good accordance with the results of the other investigations. The data obtained in the older weathered loess and paleosols suggest a different chronology, though. Thus, the lowest ~ 60 % of the loess deposits are believed to have been accumulated during the moderately cold phases within MIS 7 and the rather weak climatic deterioration of MIS 8. This discrepancy may have been caused by a different behaviour of the Alpine glaciers compared to the large Scandinavian ice sheet. On the other hand, and despite that fact that such old OSL data are difficult to interpret – there is little reason to question the validity of these dates as sedimentation ages of the loess layers.

Many thanks to Christoph Spötl (Innsbruck) for reviewing the papers which improved the volume essentially. The presented papers are the result of joint field and laboratory investigations and reflect the current the state-of-the-art of landscape evolution in the eastern part of the alpine foreland.

Literature

FINK, J., FISCHER, H., KLAUS, W., KOCI, A., KOHL, H., KUKLA, V., PIFFL, L. & RABEDER, G., 1976, 1978. Exkursion durch den österreichischen Teil des nördlichen Alpenvorlandes und den Donauraum zwischen Krems und Wiener Pforte. — Mitt. Komm. Quartärforsch. Österr. Akad. Wiss., 1:1-113; Ergänzungsbd., 1-31, Wien.

STREMME, H., ZÖLLER, L. & KRAUSE, W., 1991. Bodenstratigraphie und Thermolumineszenz-Datierung für das Mittel- und Jungpleistozän des Alpenvorlandes. — Sonderveröffentlichung Geol. Inst. Univ. zu Köln, 82:301-315, Köln.

Wien, im Februar 2010

Dirk van Husen
Jürgen M. Reitner

Mitt. Komm. Quartärforsch. Österr. Akad. Wiss., **19**:1–11, Wien 2011

Klimagesteuerte Terrassen- und Lössbildung auf der Traun-Enns-Platte und ihre zeitliche Stellung (Das Profil Wels/Aschet)

by

Dirk van Husen[1] & Jürgen M. Reitner[2]

HUSEN, D. van & REITNER, J.M., 2011. Klimagesteuerte Terrassen- und Lössbildung auf der Traun-Enns-Platte und ihre zeitliche Stellung (Das Profil Wels/Aschet). — Mitt. Komm. Quartärforsch. Österr. Akad. Wiss., **19**:1–11, Wien.

Zusammenfassung

Das Profil in der ehemaligen Lehmgrube Würzburger in Aschet SW Wels schließt eine ~12 m mächtige Sequenz von Lösslehmlagen und Paläoböden auf. Die Abfolge verdankt ihre ungewöhnliche Mächtigkeit der Position am Rand des Älteren Deckenschotters. Hier wurde der Löss oberhalb der ~65 m hohen Böschung als eine großflächige Wechte akkumuliert. Die große Mächtigkeit der einzelnen Lösslagen führte dazu, dass auch nach deren Verwitterung eine gut differenzierbare Abfolge von Lösslehmlagen und Paläoböden erhalten geblieben ist. Durch die Position in unmittelbarer Nachbarschaft zur Erosionskante ist es auch möglich den Beginn der Lösssedimentation mit der Terrassenbildung des Raumes zu verknüpfen.

Das erste sicher erfassbare Einschneiden der Traun und ihrer Zuflüsse in den Ältern Deckenschotter erfolgte vor der Bildung des Jüngeren Deckenschotters. Dadurch entstand erstmals eine deutliche Terrassenböschung, die verstärkte Lössakkumulation ermöglichte. Das Muster der Abfolge von Lösslehmlagen und Paläoböden erlaubt eine Korrelation zu den bekannten vier Eiszeiten proportional zu ihrer Stärke herzustellen – gemessen an der Eisausbreitung und Terrassenbildung – wie sie durch langjährige, intensive geologische Detailkartierungen des Raumes erfasst ist.

Zu Zeiten einer Vollvergletscherung der Ostalpen mit Gletscherzungen bis ins Vorland kam es zu kräftiger Lösssedimentation. Bei auf den Alpenkörper beschränkten Vergletscherungen während schwächer ausgebildeten Kaltzeiten war diese Akkumulation offensichtlich wesentlich geringer. Die Abfolge lässt eine gute Übereinstimmung mit dem globalen Klimagang, mit seinen unterschiedlich kräftigen Kalt- und Warmphasen, erkennen, wie er durch die Marinen-Isotopen-Stufen oder die Rekonstruktion der globalen Paläotemperatur im antarktischen Inlandeis beschrieben wird.

Die sich daraus ergebende zeitliche Einordnung der Eiszeiten mit ihren Moränen und Terrassenbildungen im Bereich der Ostalpen, sowie der Interglaziale wird auch durch die Ergebnisse paläomagnetischer Untersuchungen gestützt.

Summary

A 12-m-thick sequence of loess and paleosols was excavated in the former brickyard (Würzburger) at Aschet/Wels. This exceptionally thick loess developed due to its location at the rim of the „Ältere Deckenschotter" terrace (Günz glaciation). In this position the loess accumulated on top of the ~65 m high slope in a cornice-like shape. The great thicknesses of each of the main loess layers resulted in the preservation of a well-differentiated sequence of loess layers and paleosols. The formation of a terrace flank due to fluvial incision was the morphological pre-requisite for considerable loess sedimentation. This occurred at the latest before the accumulation of the „Jüngere Deckenschotter" (Mindel glaciation), when the strong cooling during Marine Isotope Stage (MIS) 12 gave rise to the most extensive glaciers in this area as opposed to the much smaller ones during the Riß (MIS 6) and the Würm (MIS 2) glaciations.

The topmost loess layer (AS 11-16) can safely be correlated with the youngest glacial cycle which is also confirmed by the identification of the Blake geomagnetic excursion and two optically stimulated luminescence (OSL) dates. In the same way, the layers below (AS 9-10) can be correlated with the penultimate glacial cycle (Riß glaciation, MIS 6). The soil layers beneath (AS 8a-7a) document a period without extensive glaciers but harsh

[1] Prof. Dr. Dirk van HUSEN, Simetstraße 18, A-4813 Altmünster, e-mail: dirk.van-husen@aon.at.

[2] Mag. Dr. Jürgen M. REITNER, Geologische Bundesanstalt, Neulinggasse 38, A-1030 Wien, e-mail: juergen.reitner@geologie.ac.at

climatic conditions in the Alps, and therefore reduced loess sedimentation as a result of the less pronouced glacial (MIS 8). The loess layer AS 6 and the paleosols AS 7c-7b can be correlated with the strong glacial period of MIS 10 followed by the interglacial of MIS 9. Thus, the thick package including the weathered loess horizons of AS 4e-a and the intensively weathered paleosol of AS 5 represents the very strong glaciation of the Eastern Alps accompanied by strong loess accumulation during the MIS 12 (Mindel glaciation) followed by one of the most pronounced interglacials (MIS 11). This correlation is in agreement with paleomagnetic analyses (SCHOLGER & TERHORST, this volume) indicating that the Emperor-Big Lost-Calabrian Ridge excursion (at 570 ka) occurred within the paleosol of AS 2.

According to this interpretation the „Ältere Deckenschotter" apparently formed during the cold phase of MIS 16, which is also suggested by previous paleomagnetic investigations in other locations, i.e. sedimentation of the loess deposits within the Brunhes Chron subsequent to 780 ka.

1. Einleitung

Die großflächigen quartären Ablagerungen der Traun-Enns-Platte waren schon früh Gegenstand von geologischen Untersuchungen, deren Ergebnisse das erste Mal in PENCK & BRÜCKNER (1909) zusammengefasst und in ihre überregionale Gliederung einbezogen wurden.

In der weiteren Folge wurden dann, vor allem durch die Arbeiten von H. Kohl, in der zweiten Hälfte des vorigen Jahrhunderts viele neue Erkenntnisse eingebracht, die zu einem wesentlich differenzierten Bild führten, das auch in die geologische Neuaufnahme der Spezialkarte 1:50.000 einfloss. Die fast lückenlose Verknüpfung der Terrassen der Traun-Enns-Platte mit den Endmoränen von Traun-, Alm- und Ennsgletscher ermöglichten die geschlossene Rekonstruktion der geologischen Vorgänge des Mittel- und Jungpleistozäns.

Durch die Möglichkeit der direkte Verknüpfung des Beginns der Lössakkumulation in der Lehmgrube Würzburger mit der Terrassenbildung wird es möglich, die Klima-gesteuerten geologischen Vorgänge mit dem globalen Klimagang in Einklang zu bringen. Dadurch ist auch eine zeitliche Einordnung der Eiszeiten möglich.

2. Geologischer Rahmen (Abb. 1)

Die schluffig, lehmigen Deckschichten des ehemaligen Abbaus der Ziegelei Würzburger liegen über den mächtigen Kiesen des Älteren Deckenschotters am Nordrand der Traun-Enns-Platte (KRENMAYR et al., 1996). Die hier ca. 25 m mächtigen groben Kiese überlagern einen Sockel aus Robulusschlier, der das holozäne Niveau der Traun um ca. 30 m überragt. Die überwiegend karbonatischen Kiese weisen einen deutlichen Anteil an Geröllen von Quarz, Kristallin und Flyschsandstein auf. Entlang

des Steilabfalles zur Traun ist eine weit fortgeschrittene Talrandverkittung entwickelt. Die so gebildeten Konglomerate zergleiten heute stellenweise über den weichen, Schluff reichen Mergeln des Robulusschliers.

Nach Süden zu stehen diese groben Kiese mit sehr blockreichen Kiesen in Verbindung, die gletschernahe Ablagerungen der ältesten nachweisbaren Eiszeit (Günz) im Bereich von Sattledt und Vorchdorf darstellen (KOHL in KRENMAYR et al., 1996; EGGER & VAN HUSEN et al., 2007). Dieser Zusammenhang besteht aber offensichtlich nur mit den jüngsten, im Hangenden auftretenden Kiesen, die weitgehend aus Karbonat- und Flyschsandsteingeröllen gebildet werden. Die quarz- und kristallinreichen Kiese der liegenden Anteile des Älteren Deckenschotters stellen umgelagertes älteres Material dar, das durch sein Geröllspektrum einen noch geringen Materialtransport aus den Alpen anzeigt (KOHL in KRENMAYR et al., 1996)

Der Ältere Deckenschotter bedeckten den gesamten Bereich nördlich des Alpenrandes bis zum Schlier-Hügelland nördlich Lambach und Wels (Abb. 1). In diese ehemalige Platte sind entlang der Traun und ihrer südlichen Zuflüsse noch die Terrassenkörper der Jüngeren Deckenschotter der Hochterrasse sowie jene der Niederterrasse eingesenkt. Wie die Detailkartierung des Raumes für die Geol. Karte 1:50.000 (VAN HUSEN et al., 1989; KRENMAYR et al., 1996; EGGER et al., 1996; EGGER & VAN HUSEN et al. 2007) zeigt, sind diese Kiesschüttungen sedimentologisch und morphologisch klar an die Endmoränen des Traun-, Alm- und Kremsgletschers am Nordrand der Alpen gebunden. Sie werden den letzten drei Eiszeiten (Mindel, Riß, Würm) zugeordnet (Abb. 1).

2.1. Entwicklung der Terrassenkörper (Abb. 1+2)

Älterer Deckenschotter: Wie die Vorkommen des Älteren Deckenschotters bei Lambach und weiter nach Nordosten belegen (KRENMAYR et al., 1996), erstreckte sich deren Kieskörper bis an den Südrand des Schlier Hügellandes zwischen Innbach und Traun.

Den Ergebnissen der Detailkartierung (VAN HUSEN et al., 1989; KRENMAYR et al., 1996; EGGER et al., 1996) folgend, belegt der petrographische Aufbau des Kieskörpers, dass es sich dabei um keine einheitliche Schüttung (VAN HUSEN, 1981; KOHL, 2000) handelt, sondern um eine polyzyklische Bildung, geprägt von Umlagerung und Akkumulation, wodurch auch ältere Ablagerungen in die Morphologie des heutigen Terrassenkörpers einbezogen wurden. Dabei kam es zunehmend zur Einbringung von Karbonat- und Flyschgeschieben, die mit den kristallinreichen älteren Geschieben vermengt wurden. Diese Formung war offensichtlich mit der ältesten nachweisbaren Vorlandvergletscherung (Günz) beendet (VAN HUSEN, 2000) deren proximalen blockreichen Ablagerungen in den hangenden Teilen des Älteren Deckenschotters im Almtal (EGGER & VAN HUSEN et al., 2007) und nördlich Sattledt (KOHL in FINK et al., 1976, 1978) auftreten. Im Bereich der ehemaligen Lehmgrube Würzburger und an der Stelle des bearbeiteten Profils zeigen diese jüngsten, nur gering Kristallin führenden Kiese eine gut entwickelte Verwitterung, die zu einer rotbraunen Verfärbung, Kaolinisierung der Kristallingeschiebe und Veraschung der Dolomite geführt hat. Unmittelbar im Liegenden dieser ca. 1 m mächtigen Verwitterungszone ist eine unregelmäßige, wolkige Verkittung des gering

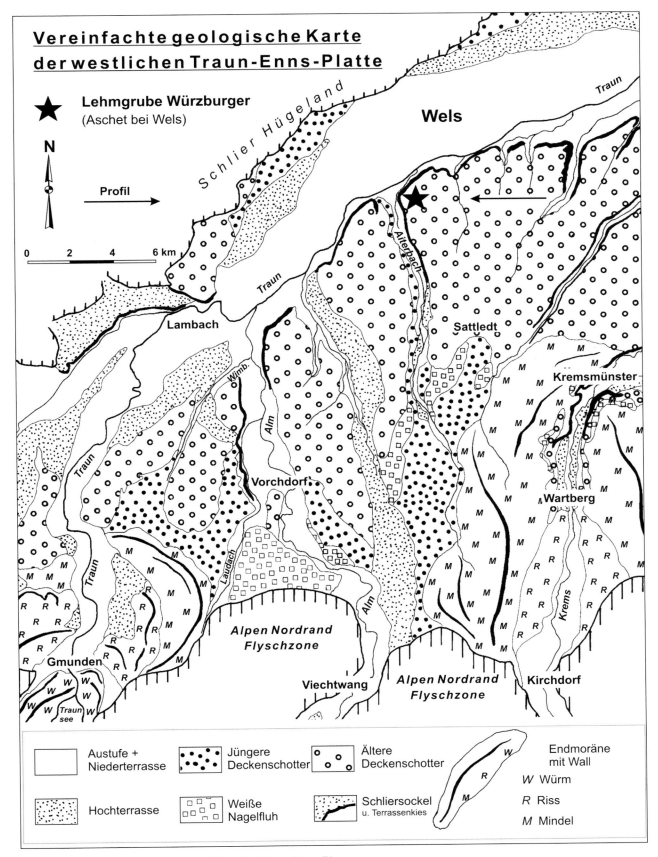

Abbildung 1: Vereinfachte geologische Karte der Traun-Enns-Platte.

　　　　　　　　Mitt. Komm. Quartärforsch. Österr. Akad. Wiss., **19**, Wien, 2011

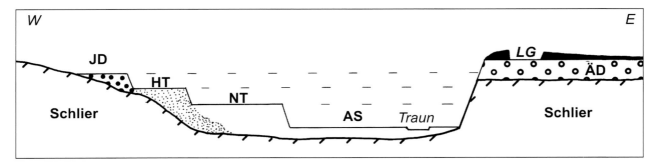

Abbildung 2: Schematisches Profil der Terrassen im Trauntal auf Höhe der Lehmgrube Würzburger (nicht maßstabsgetreu). **Legende**: LG: Lehmgrube, AS: Austufe, NT: Niederterrasse, HT: Hochterrasse, JD: Jüngerer Deckenschotter, ÄD: Älterer Deckenschotter, schwarz: Deckschichten.

verwitterten Kiesmaterials zu beobachten. Derartige Verwitterungshorizonte sind in vielen Aufschlüssen (vgl. VAN HUSEN, 1999) zu beobachten.

Die gut 1 m mächtige Verwitterungszone, die eine sehr weit fortgeschrittene Bodenbildung (TERHORST et al., dieser Band) belegt, deutet durch ihren Gehalt an Geröllen auf wohl wiederholte Umlagerungsprozesse hin, die in einer flachwelligen ehemaligen Flusslandschaft auch zu erwarten ist. Ob im Zuge der Bildung auch Lössablagerungen von der Verwitterung betroffen waren, kann nur vermutet werden. Die zu beobachtenden Strukturen weisen auch auf solifluidale Verfrachtung derartiger Materialien (Abb. 3) hin, die bis in den Horizont AS3 des Profils reicht. Im Hangenden dieses Horizontes folgt dann eine rund 10 m mächtige Abfolge von Lösslehmlagen und Paläoböden.

Diese Abfolge ist offensichtlich durch eine lokale Änderung der Ablagerungsbedingungen im Bereich der ehemaligen Lehmgrube Würzburger bedingt. Diese führte hier während der Kaltzeiten zu starker lokaler Lössakkumulation mit >10 m Mächtigkeit. Weiter östlich und südlich konnte sich die Lössdecke auf der Hochfläche des Älteren Deckenschotters nur mit ca. 1-3 m Mächtigkeiten entwickeln (KOHL, 2000). Der Grund für diese Änderung wird wohl in der Ausbildung der Erosionskante und der Böschung zur Traun zu suchen sein. Dadurch entstand für die im Alpenvorland während einer Eiszeit vorherrschenden geologisch wirksamen Westwinde (MEYER & KOTTMEIER, 1989) nach dem Aufstieg aus der Stromebene der Traun an der Kante eine Leesituation, die zu verstärkter Lössablagerung (PYE, 1995) führte (Abb. 2).

Wann nach der Ausformung des Älteren Deckenschotters die Erosion einsetzte und die Kante entstand, ist nicht exakt zu rekonstruieren. Hinweise auf ein etwas tiefer liegendes Flussniveau als die Oberfläche des Älteren Deckenschotters gibt die Weiße Nagelfluh im südlichen Bereich der Traun-Enns-Platte (Abb. 1) im Alm- und Kremstal (KOHL, 2000). Diese auffällige, durch helle Karbonate dominierte, kaltzeitliche Schüttung ist vom liegenden Älteren Deckenschotter sowie den hangenden Sedimenten der nachfolgenden Eiszeit durch gut entwickelte interglaziale Paläoböden getrennt (KOHL, 1970, 2000) Der Sedimentkörper ist einige Meter in den Älteren Deckenschotter eingesenkt. Hinweise, ob diese

Rinnenbildung im Älteren Deckenschotter allgemein eingetreten war oder nur auf deren Südrand beschränkt war, kann aber nicht gesagt werden.

Jüngerer Deckenschotter: Die erste, klar auf den gesamten Raum sich erstreckende Erosionsphase erfolgte vor der Akkumulation der Jüngeren Deckenschotter. Dabei wurde die Platte des Älteren Deckenschotters im Raum Wels durch die Traun und ihre Nebenbäche bis in die liegenden Molassesedimente zerschnitten (KRENMAYR et al., 1996). In diesen wurden dann, wie die Reste am Südrand des Schlier-Hügellandes nördlich Gunskirchen und Wels und an der Mündung des Aiterbaches belegen, über die heutige Breite des Trauntales der Jüngere Deckenschotter sedimentiert. Ebenso kam es in den großen Nebentälern wie Aiterbach, Alm, Laudach und Wimbach zur Bildung dieser Terrassenkörper. Die Schüttungen gehen von den mächtigen Endmoränen des Trazungletschers und des Kremsgletschers aus (Abb. 1). Sie sind mit diesen genetisch, sedimentologisch und morphologisch verbunden (Glaziale Serie sensu PENCK & BRÜCKNER, 1909).

Hoch- und Niederterrasse: In gleicher Weise sind in den Tälern dann auch die Hochterrasse sowie die Niederterrasse gebildet worden, die ebenfalls von den Endmoränen des Alm- und Traungletschers ausgehen (VAN HUSEN et al., 1989; KRENMAYR et al., 1996, EGGER et al., 1996, EGGER & VAN HUSEN et al., 2007). Hauptsächlich während der fluvioglazialen Akkumulationsphasen dieser drei jüngsten Terrassenkörper sowie auch aller anderen vegetationsarmen Perioden diente die breite Schotterebene der Traun hauptsächlich als Liefergebiet des Lösses, der von den geologisch wirksamen Westwinden (vgl. MEYER & KOTTMEIER, 1989) verfrachtet wurde. Dabei wurden in der Leeposition östlich der Erosionskante mehr oder weniger mächtige Losspakete abgelagert, die in den nachfolgenden Warmzeiten das Substrat für die Bodenbildung darstellten (Abb. 3). Die bodenkundliche Detailuntersuchung konnte in der Abfolge mehrere Paläoböden rekonstruieren, die Lösslehme überlagern. Nur zwischen den mittleren Paläoböden (Horizonte AS 7c bis 8a) ist kein Lösslehm erkennbar (TERHORST et al., dieser Band).

Abbildung 3: Verwitterungs-
zone (5.fBt) über dem Älteren
Deckenschotter mit solifluidalen
Umlagerungen von Lösslehm
(L).

2.2. Entwicklung der Deckschichten

Die Klima gesteuerten geologischen Vorgänge der Glet-
scher- und Terrassenbildung befinden sich somit in direkter Verbindung mit der Entwicklung der Deckschichten
auf dem Älteren Deckenschotter.

Im bearbeiteten Profil sind – bis auf eine undeutliche
zwischen den Horizonten 7a und 7b – keine Diskordanzen
oder Erosionsphasen zu erkennen gewesen, sodass davon
ausgegangen werden kann, dass die Deckschichten eine
komplette Abfolge darstellen in der nur die Bodenbildungen zu einem Mächtigkeitsverlust in den primären
Lössablagerungen geführt haben. Diese Annahme wird
auch durch die frühere Bearbeitung (KOHL in FINK et al.,
1976, 1978) bestärkt, als bei großflächigen Aufschlussver-
hältnissen, die Paläoböden als durchgehende Horizonte
zu beobachten waren.

Ob es bereits unmittelbar nach der endgültigen Aus-
formung der Traun-Enns-Platte zu einem Einsenken
der Traun und ihrer Zuflüsse kam, ist nicht belegt. Die
Ablagerung der Weißen Nagelfluh im südwestlichen
Teil erfolgte in einem gering tiefer liegenden Niveau, das
offensichtlich nicht Teil des heutigen Gewässernetzes war
(KOHL, 2000). Die parallel zum Älteren Deckenschotter
sowie zur kaltzeitlichen Schüttung der Weißen Nagelfluh
zu erwartenden Lössablagerungen erreichten offensichtlich
im Bereich der Lehmgrube keine große Mächtigkeit. Die,
wenn überhaupt abgelagerten, Löss-Sedimente sind in der
folgenden Warmzeit verwittert und offenbar im Paläoboden AS 2 (5. fossiler Bt-Horizont) aufgegangen (Abb. 3).

Zeitraum Mindel: Die erste starke Erosion und allge-
meine Zerschneidung erfolgte spätestens dann vor der
Akkumulation der Jüngeren Deckenschotter, wodurch
die Terrassenböschung geschaffen wurde. Das war die
Vorausbedingung, dass im Bereich der Lehmgrube
mächtige Lössablagerungen in der folgenden Mindeleiszeit akkumuliert wurden. Diese entstanden, parallel
zur Akkumulation der Jüngeren Deckenschotter im
Trauntal.

Die Ausdehnung der Piedmont-Gletscherzungen (WEIN-BERGER, 1955 und in FINK et al., 1976, 1978; EGGER et al., 1996; KOHL, 2000; EGGER & VAN HUSEN et al., 2007) und die Mächtigkeit der Endmoränen weisen die Mindeleiszeit als die größte Vergletscherung im Vorland der Ostalpen aus, was wohl als die Folge einer besonders stark ausgeprägten Klimaverschlechterung gesehen werden muss. Der dadurch verstärkte Rückgang der Vegetation, gepaart mit starker Windaktivität als Ursache für die besonders starke Lössakkumulation in diesem Zeitraum, kann als Folge dieser starken Klimaverschlechterung gesehen werden. Dabei spielt wohl auch die extreme Ausdehnung der Gletscher im Flusssystem von Steyrling und Krems (Abb. 1) eine bedeutende Rolle. Die große Ausdehnung des Gletschers im Kremstal wurde durch ein übermäßig starkes Anwachsen des Nährgebietes des Ennsgletschers um das Gesäuse als Folge einer an sich nur geringfügigen Schneegrenzabsenkungen gegenüber der letzten Eiszeit (Würm) verursacht (VAN HUSEN, 2000). Dadurch wurden alle benachbarten Eisströme auch der Steyr-Krems-Gletscher stark positiv beeinflusst. Letzterer erfüllte mit einer breiten, mächtigen Zunge das Kremstal bis Kremsmünster (KOHL, 2000). Das führte wohl zu einer deutlichen Beeinflussung der lokalen Klimaverhältnisse auf der Traun-Enns-Platte in dessen unmittelbaren Umfeld und dementsprechend zu einer mächtigen Lössakkumulation. Eine ähnliche, wenn auch wesentlich schwächere Beeinflussung der äolischen Sedimentation, muss auch während der Rißeiszeit eingetreten sein, als die Eiszunge des Steyr-Krems-Gletscher bis Wartberg (KOHL, 2000) reichte (Abb. 1).

Jüngere Kaltzeiten: Die im Hangenden des Paläobodens AS 5 (4. fossiler Bt-Horizont) über dem Mindel-Löss folgenden Lösslehmlagen deuten, entsprechend ihrer geringeren Mächtigkeiten, auf eine schwächere Aktivität während der sie formenden Kaltzeiten hin, was ja auch proportional zur Ausdehnung der Gletscher ist. So tritt die geringste Mächtigkeit an noch erhaltenen Lössablagerungen einer Eiszeit während der Schüttung der Niederterrasse (Würm) auf (AS 16), als die Zunge des Traungletschers gerade noch den Alpenrand, die des Alm- und Kremsgletschers, als kleine beziehungsweise unbedeutende Lokalgletscher, diesen bei weitem nicht erreichten. Im Liegenden des Lösses sind dazu auch noch die Oberflächen formenden Vorgänge in den ersten Kaltphasen des Frühwürms (AS 11 + 12) klar erhalten. Sie zeichnen eine sehr gute Übereinstimmung mit der in Profil Mondsee (DRESCHER-SCHNEIDER, 2000) rekonstruierbaren Klimaentwicklung am N-Rand der Ostalpen nach.
Eine deutlich größere primäre Mächtigkeit belegt auch das Lösslehmpaket AS 9, das mit seinem hangenden Paläoboden AS 10 (1. fossiler Bt-Horizont) der vorletzten Eiszeit (Riß) und dem Eem zugeordnet wird (KOHL in KRENMAYR et al., 1996; TERHORST et al., sowie PREUSSER & FIEBIG, dieser Band). Der mächtige Paläoboden zeugt von einer intensiven Verwitterung, die die primäre Lössmächtigkeit stark reduziert haben dürfte. Das steht in

gutem Einklang damit, dass das Eem (MIS 5.5) eines der wärmsten Interglaziale gewesen ist (MASSON-DELMOTTE et al., 2010).

Intensität der Verwitterung: Der zeitliche Abstand der im Vorland der Ostalpen deutlich erfassten Eiszeiten wurde schon früh mit Hilfe der Verwitterungsintensität der glazialen und fluviatilen Sedimente abgeschätzt (PENCK & BRÜCKNER, 1909). Im Bereich des Traungletschers greift die Verwitterung (Rendsinen, Pararendsinen) in die Würmsedimente im Mittel ca. 0,5 m ein, wobei sich noch häufig verwitterungsresistente Gerölle erhalten haben. In den gleichen Sedimenten der Rißeiszeit ist bereits eine 80-100 cm mächtige Verwitterungsschicht (Parabraunerde) entwickelt, die nur in ihrem liegendsten Teil noch Gerölle enthält. Im Gegensatz dazu ist auf den Mindel zeitlichen Sedimenten eine mindestens 3-4 m mächtige, völlig entkalkte Vewitterungsschicht entwickelt (KOHL in FINK et al., 1976, 1978).
Gleiche, bis zu 5 m mächtige Verwitterungszonen, die nur noch vereinzelte Geschiebeleichen von Flyschsandsteinen enthielten, konnten auch beim Bau der Pyhrnautobahn auf den Mindelmoränen des Kremstales beobachtet werden. Dieser große Intensitätsunterschied der Verwitterung wurde auf eine größere Zeitspanne zwischen Mindel- und Rißeiszeit zurückgeführt („Großes Interglazial" PENCK & BRÜCKNER, 1909). Einen weiteren Hinweis darauf stellt ja das Auftreten tiefgreifender Geologischer Orgeln in den Terrassensedimenten dar. Sind sie in den Deckenschottern sehr häufig (VAN HUSEN, 1999), so sind derartige Erscheinungen in den Hochterrassen nicht entwickelt oder nur in oberflächennahen Ansätzen zu finden. Diese Unterschiede deuten besonders auf einen längeren Zeitraum der Einwirkung der chemischen Verwitterung zwischen den beiden Eiszeiten Mindel und Riß hin.

Die Kaltzeitzyklen und ihre Auswirkungen: Im Bereich des Trauntales und der Traun-Enns-Platte sowie in den gesamten Ostalpen sind aus diesem Zeitraum zwischen der Riß- und Mindeleiszeit keine glazialen Sedimente bekannt, die auf eine, einer Eiszeit entsprechenden, Gletscherentwicklung schließen ließen. Ebenso finden sich keine Terrassenkörper, die zwischen dem Jüngeren Deckenschotter und der Hochterrasse auf eine eigenständige Terrassenbildung hinweisen. Daraus kann geschlossen werden, dass Kaltzeiten in diesem Zeitraum nicht stark genug ausgeprägt waren um in den Ostalpen einen zumindest nahezu vollen Eiszeitzyklus mit einer Vergletscherung der großen Längstäler und einer Terrassenbildung bis ins Vorland zu bewirken (VAN HUSEN, 2000). Als Folge der tiefen Lage und des geringen Gefälles der großen Längstäler in den Ostalpen kommt es durch eisdynamische Ursachen ja nur bei einer sehr starken Klimaverschlechterung gegen Ende der Eisausbreitung zu einer über den Alpenrand hinaus reichenden, sehr raschen Gletscherausbreitung. Dieser Zustand wurde offensichtlich nur während der vier bekannten Eiszeiten erreicht. Die Gletscherentwicklung in Kaltzeiten mit einer auch nur etwas geringeren Intensität

Abbildung 4: Gesamtes Profil der Deckschichten mit den Lösslehmlagen und Verwitterungszonen (Tafeln). Probenpunkte für OSL-Datierung (W 1-11).

blieb offensichtlich auf das Alpeninnere beschränkt und die Sedimentation im Alpenvorland (Kiesschüttungen, Lössbildung) nur gering.

Gleichzeitigkeit von Piedmontgletschern und Maxima der Klimaentwicklung: Wie ^{14}C-Datierungen der letzten Eiszeit zeigen (van Husen, 2000, Monegato et al., 2007) fällt diese ultimative Eisausbreitung in den Ostalpen mit der weltweiten maximalen Abkühlung in den Ozeanen (Lisiecki & Raymo, 2005) und der Atmosphäre (Masson-Delmotte et. al, 2010) zeitlich zusammen. Ein ähnliches Bild ergeben OSL-Daten aus SW-Skandinavien (Larsen et al., 2009) und Expositionsalter ([10]Be, [21]Ne) aus dem Schweizer Jura (Graf et al., 2007) für die Isotopenstufe MIS 6.

Die Talgletscher der Alpen haben auf starke Klimaverschlechterungen durch ihre geringere Masse, verglichen mit Eisschilden, empfindlicher aber zeitgleich reagiert. Auch der Abschnitt zwischen den beiden Eiszeiten Mindel und Riß ist in den Deckschichten der Lehmgrube in den Horizonten AS 6 bis AS 8a dokumentiert, obwohl keine Großvergletscherungen oder Terrassensedimente aus diesem Zeitraum im Alpenvorland dokumentiert sind.

Stellt der Lösslehm AS 6 mit dem folgenden Paläoboden AS 7c-7b wahrscheinlich das Produkt einer noch deutlicher ausgeprägten Kaltzeit mit nachfolgender warmzeitlicher Verwitterung dar, so können die hangenden Paläoböden AS 7a bis AS 8a als Spuren einstiger, geringmächtiger Lösspakete gedeutet werden, die völlig verwittert sind. Das würde bedeuten, dass die Kaltzeiten dieses Abschnittes proportional zu ihrer Ausprägung und Stärke nur zu gering mächtigen Lössablagerungen im Alpenvorland geführt haben.

Die im gesamten Profil der Deckschichten der ehemaligen Lehmgrube Würzburger offensichtlich parallel laufende Entwicklung der Lösssedimentation mit der jeweiligen Intensität der einzelnen Eiszeiten legt wohl nahe, dass sich letztere in den Mächtigkeiten der Lösslehmlagen widerspiegelt.

3. Zeitliche Stellung in Abstimmung mit den Datierungen und anderen Klimaarchiven (Abb. 5)

Entsprechend der geologischen Gegebenheiten und Überlegungen lässt sich die Abfolge von Lösslehmen und Paläoböden der Lehmgrube Würzburger problemlos mit der Klimaentwicklung in Einklang bringen wie sie durch die benthischen δ^{18}O-Werte (Raymo, 1997; Lisiecki & Raymo, 2005) oder die Zusammensetzung der Paläoatmosphäre in Eisbohrkernen (Masson-Delmotte et al., 2010) angezeigt wird (Abb. 5).

Die Einordnung der obersten Lösslehmlage AS 16 in das Würm-Hochglazial (MIS 2) kann ohne Schwierigkeiten vorgenommen werden. Diese Einstufung wird auch durch die liegenden Straten AS 15 bis AS 11 nahe gelegt, die ja den Klimagang im nördlichen Vorland der Alpen während des Früh- und Mittelwürms (MIS 4 u. 3)

widerspiegeln (Grüger, 1989, Drescher-Schneider, 2000). Das legt eine Einstufung des liegenden Komplexes, bestehend aus dem Lösslehm von AS 9 und dem darauf entwickelten Boden AS 10 (1.fBt), in den vorausgehenden Glazial/Interglazial-Zyklus(MIS 6/5) nahe.

Die Einstufung des obersten Abschnittes der Deckschichten in die beiden letzten Eiszeitzyklen wird auch durch die Position der inversen Polarität des Blake events (Scholger & Terhorst, dieser Band: Abb. 8) sowie die OSL-Daten aus den Lösslehmlagen AS 16 und 9 (Preusser & Fiebig, dieser Bd.: Abb. 1) abgesichert.

Den dargelegten Überlegungen folgend, dass die Klimaextreme (Glazial/Interglazial) proportional ihrer Stärke auf die Ausbildung der Sedimente (Löss) und Verwitterung (Bodenbildung) wirken, kann davon ausgegangen werden, dass die im Raum der Traun-Enns-Platte am deutlichsten ausgebildete glaziale Periode auch im stärksten Ausschlag der globalen Klimakurven (MIS 12) abgebildet ist (Lisiecki & Raymo, 2005). Diese Periode gehört, auch den Paläotemperaturen entsprechend, zu den stärksten Eiszeiten (Masson-Delmotte et al., 2010). Dem entsprechend müsste dann zwangsläufig die mächtige Lössbildung AS 4a-4e dieser Periode zugeordnet werden. Ihre übermäßige Mächtigkeit wird auch durch die besondere lokale Klimasituation in der unmittelbaren Nachbarschaft der großen Gletscherzungen leicht erklärbar (s.o.). Als einen weiteren Hinweis auf diese Zuordnung kann auch der Grad der Verwitterung im Paläoboden AS 5 angesehen werden, der durch eine besonders intensive primäre Verwitterung (Terhorst et al., dieser Band) auf eine Bildung während des ausgesprochen warmen und langen Interglazials (MIS 11, Masson-Delmotte et al., 2010) hinweist. Auf dieses ist sicherlich auch die primäre Anlage der Geologischen Orgeln im Jüngeren Deckenschotter zu suchen.

Entsprechend dieser Zuordnung müssten dann die Horizonte AS 6 - AS 8a aus den Perioden MIS 10 - MIS 7 stammen, womit sich zwangsläufig die etwas schwächere aber deutliche Kaltzeit MIS 10 als Bildungszeitraum für die Lösslehmlage AS 6 anbietet. Der hangende Paläoboden AS 7c-7c wäre dann wohl am ehesten in der folgenden Warmzeit MIS 9 entstanden. Diese Einordnung wird auch deutlich durch die paläomagnetischen Untersuchungen (Scholger & Terhorst, dieser Bd.: Abb. 8) gestützt.

Eine Einordnung dieser Lösslage in die erste Kälteschwankung in MIS 7, wie sie durch die OSL-Daten angezeigt wird (Preusser & Fiebig, dieser Bd.: Abb. 2), würde auch der übrigen Entwicklung widersprechen. Einerseits tritt in diesem Zeitraum im N-Atlantik kaum Verfrachtung von Eisbergschutt auf, wie in allen anderen Kaltzeiten mit mächtigerer Lössbildung (McManus et al., 1999; vergleiche auch Preusser & Fiebig, dieser Bd.: Abb. 1).

Andererseits zeigen die Stalagmiten der Spannagel Höhle (Zillertal, Tirol) für diesen Zeitraum 240-190 ka mit seinen drei Warmphasen (MIS 7.5 / 7.3 / 7.1) und den Kaltphasen dazwischen ein durchgehendes Wachstum an, das – während MIS 6 (Riß) unterbrochen – erst

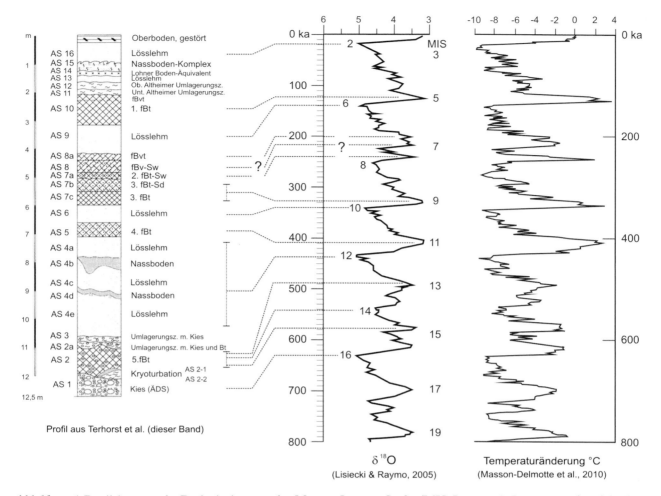

Abbildung 5: Parallelisierung der Deckschichten mit den Marinen Isotopen Stufen (MIS; LISIECKI & RAYMO, 2005) und der Rekonstruktion der Paläotemperatur der zentralen Antarktis (MASSON-DELMOTTE et al., 2010). Die Werte sind je nach geographischer Lage um einen Faktor 1,2 bis 2 kleiner.

wieder ab ca. 125 ka in MIS 5 (Eem) einsetzte (SPÖTL et al., 2008). Das bedeutet aber, dass in der Karsthöhle unter einem Gletscher im MIS 7 ständig genug Wasser vorhanden war, um ein kontinuierliches Wachstum zu gewährleisten, was auf einen temperierten Gletscher mit Schmelzwasser im Sohlbereich hinweist. Nur während der extremen Klimabedingungen der Glazialzeit hat der Status des Gletschers zu „cold-based" gewechselt. Da die Kaltphasen zwischen MIS 7.5 und 7.3 sowie 7.3 und 7.1 zu keiner Unterbrechung des Wachstums geführt haben, ist anzunehmen, dass in der gesamten Zeitspanne des MIS 7 keine Vollvergletscherung eingetreten ist, die zu einer nennenswerten Lössbildung im Alpenvorland geführt hat.

Dementsprechend ist aber kaum zu erwarten, dass es während der Kaltzeit MIS 8, die nur unwesentlich stärker ausgebildet ist (LISIECKI & RAYMO, 2005) als die Periode zwischen MIS 7,5 und 7,3, zu nennenswerter Lössbildung im Alpenvorland kam, wie die OSL Datierung (PREUSSER & FIEBIG, dieser Bd.) anzeigen würde. Der Zeitabschnitt MIS 8 und 7 dürfte sich somit am ehesten in den Bodenhorizonten AS 7a bis AS 8a dokumentieren, wo es in den kühleren Perioden – wenn überhaupt – nur gering

mächtigen Lössablagerungen entstanden. Diese sind dann in den folgenden Verwitterungsperioden gänzlich in den B-Horizonten aufgegangen. Entsprechend der geochemischen Analyse (REITNER & OTTNER, dieser Band) sind in dem Komplex 7c bis 8a zwei markante Bodenbildungshorizonte dokumentiert, wobei der ältere (3. fossile Bt) eine etwas intensivere Verwitterung anzeigt.

Eine dem geologischen Bild am N-Rand der Alpen entsprechende Charakterisierung dieses Zeitraums stellt der von KUKLA (2005) für N-Europa als Superzyklus der Saalezeit zusammengefasste Zeitraum vom Ende der Elstereiszeit bis zum Beginn des Eem dar. Die Zeitspanne zwischen der Termination V und MIS 6 sei von undeutlich ausgeprägten Kaltzeiten (MIS 10 + 8) charakterisiert, die auf Einstrahlungsanomalien und kürzere Zeitspannen für den Eisaufbau in den hohen Breiten zurückgeführt werden. Diese stellt sich in Europa und besonders in den Alpen weniger durch Sedimente denn durch Verwitterungsvorgänge dar, die sich in mächtigen stark verfärbten Paläoböden dokumentieren. Beobachtungen, die ja früher zur Postulierung des „Großen Interglazials" (PENCK & BRÜCKNER, 1909) geführt haben. Nicht so klar kann die Entwicklung im Liegenden des mächtigen Lösspaketes

AS 4a-4e gesehen werden. Wie aus einem Bohraufschluss und seismischen Untersuchungen in der Poebene (MUT-TONI et al., 2003) bekannt ist, hat ein krasser Sediment-wechsel um ~870 ka stattgefunden, der mit der ersten starken Abkühlungsphase (MIS 22) zusammenfällt. Sie wird mit einer ersten umfassenden Vergletscherung der Alpen (auch dem Günz) in Verbindung gebracht, die eine verstärkte Erosion am steilen Alpensüdrand gebracht hätte. Ob damals Teile des Älteren Deckenschotters im Norden von diesem Ereignis betroffen waren, kann nicht gesagt werden. Alle erfassten älteren Sedimente am Nordrand der Alpen (RUPP et al., 2008) liegen als grobe Ablagerungen vor und somit ist vor dem Bildungszeit-raum des Älteren Deckenschotters kein Sedimentwechsel eingetreten. Außerdem haben alle bisherigen paläo-magnetischen Messungen in Deckschichten unmittelbar über dem Älteren Deckenschotter eine Bildung in der Brunhes Chrone erbracht (BIBUS et al., 1996; BRUNNACKER, 1986; BRUNNACKER et al., 1976; STRATTNER & ROLF, 1995), die eine Einstufung in MIS 16 nahe legt.

Die ältesten eiszeitliche Ablagerungen (Günz) im nörd-lichen Alpenvorland sind ja am Traungletscher durch glaziale Sedimente (KOHL, 2000; EGGER & VAN HUSEN, 2007) sowie im Alm- und Kremstal durch blockreiche proximale Ablagerungen (Moränen bei KOHL in FINK et al., 1976, 1978) mit dem Älteren Deckenschotter ver-bunden. Diese Verbindung ist auch am Salzachgletscher erfasst (WEINBERGER, 1955). Betrachtet man die Variation der globalen Eisausdehnung (LISIECKI & RAYMO, 2005), so erlaubt dies eine Zuordnung der endgültigen Aus-formung des Älteren Deckenschotters in den Zeitraum MIS 16 (VAN HUSEN, 2000), in dem eine der kräftigsten Abkühlungen der letzten 800 ka eintrat (LISIECKI & RAYMO, 2005; MASSON-DELMOTTE et al., 2010), die zu einer Vorlandvergletscherung geführt haben kann.

Bei dieser Einstufung müsste die Verwitterungszone AS 2 die Warmzeit MIS 15 + 13 markieren, in der auch die allfällige Lössablagerung der dazwischen liegenden schwächsten Kaltzeit der letzten 800 ka, MIS 14 (vgl. MASSON-DELMOTTE et al., 2010), aufgegangen wäre. Diese Einstufung der Verwitterungszone AS 2 könnte auch den Ergebnissen der bodenkundlichen Untersu-chungen (TERHORST et al., dieser Band) entsprechen. Eine weitere Unterstützung liefert auch die Parallelisierung der in den Bodenschichten erfassten geomagnetischen Exkur-sion E-BL-CR 3 um 570 - 560 ka vor heute (SCHOLGER & TERHORST, dieser Band). Als weiterer Hinweis kann gewertet werden, dass auch in den südost- bis osteuro-päischen Lössgebieten diese beiden Interglaziale nur mit einer gemeinsamen Bodenbildungen vertreten (BUGGLE et al., 2008) sind.

Diese Deutung ist aber nur möglich, wenn die magneti-sche Exkursion im Horizont AS 4e – wie bei SCHOLGER & TERHORST für möglich gehalten und diskutiert – in den Zeitraum um 469 ka eingestuft wird. Eine Paralleli-sierung mit der Exkursion CR 2 würde eine Erosionsdis-kordanz innerhalb des Lösslehms verlangen, auf die aber in den Sedimenten keinerlei Hinweis zu erkennen war. Auch bei den detaillierten Untersuchungen des Profils als

Grundlage für die paläomagnetischen Untersuchungen durch KOCI (1976) ist kein Hinweis auf eine derartige Diskordanz gefunden worden (KOHL in FINK et al., 1976, 1978). Eine Lösung dieser Frage kann vielleicht durch neue Aufschlüsse (im Bereich der Terrassenkante?) möglich werden.

4. Literatur

BUGGLE, B., GLASER, B., ZÖLLER, L., HAMBACH, U., MARKOVIC, S., GLASER, I. & GERASIMENKO, N., 2008. Geochemical characterization and origin of Southeastern and Eastern European loesses (Serbia, Romania, Ukraine). — Quaternary Science Reviews, **27**:1058–1075, Elsevier.

BIBUS, E., BLUDAU, W., ELLWANGER, D., FROMM, K., KÖSEL, M. & SCHREINER, A., 1996. On Pre-Würm glcial and interglacial deposits of the Rhine glacier (South German Alpine Foreland, Upper Swabia, Baden-Württemberg). — [in:] TURNER, C. (ed.): The Early Middle Pleistocene in Europe, 195–204.

BRUNNACKER, K., 1986. Quaternary Stratigraphy in the Lower Rhine Area and Northern Alpine Foothills. — Quaternary Science Reviews, **5**:371–379.

BRUNNACKER, K., BOENIGK, W., KOCI, A. & TILLMANNS, W., 1976. Die Brunhes/Matuyama-Grenze am Rhein und an der Donau. — Neues Jahrbuch für Geologie und Paläontologie, Abhandlungen, **151**:358–378, Stuttgart.

DRESCHER-SCHNEIDER, R., 2000. Die Vegetations- und Klimaentwicklung im Riß/Würm-Interglazial und im Früh- und Mittelwürm in der Umgebung von Mondsee. Ergebnisse der pollenanalytischen Unter-suchungen. — Mitt. Komm. Quartärforsch. Österr. Akad. Wiss., **12**:39–92, Wien.

EGGER, H., ANDORFER, G., BRAUNSTINGL, R., FELL-NER, D., FRIEDEL, W., VAN HUSEN, D., JARITZ, W., KLEBERGER, J., MANDL, G., MÜLLER, J., PREY, S., SCHÄFFER, G., SCHNEIDER, J. & WINKLER, K., 1996. Geologische Karte der Republik Österreich, 1:50.000, Blatt 66, Gmunden, Erläuterungen (2007). — Geol. B.A., Wien.

EGGER, H. & VAN HUSEN, D., FRIK, G., KOHL, H., MOSER, M., MOSHAMMER, B., PAVUZA, R., PREY, S., ROGL, Ch., RUPP, Ch., SCHERMAIER, A., SCHINDL-MAYER, A. & TRAINDL, H., 2007. Geologische Karte der Republik Österreich, 1:50.000, Blatt 67, Grünau, Erläuterungen 2007. — Geol. B.A., Wien.

FINK, J., FISCHER,H., KLAUS, W., KOCI, A., KOHL, H., KUKLA, V., PIFFL, L. & RABEDER, G., 1976 + 1978. Ergänzungsband: Exkursion durch den österreichi-schen Teil des nördlichen Alpenvorlandes und den Donauraum zwischen Krems und Wiener Pforte. — Mitt. Komm. Quartärforsch. Österr. Akad. Wiss., **1**:1–113; Ergänzungsbd., 1–31, Wien

GRAF, A. , STRASKY, S., IVY-OCHS, S., AKÇAR, N., KUBIK, P. W., BURKHARD, M. & SCHLUECHTER, Ch., 2007. First results of cosmogenic dated pre-last glaciation erratics from the Montoz area, Jura Mountains, Switzerland. — Quaternary International, **164-165**: 43–52, Elsevier.

Grüger, E., 1989. Palynostratigraphy of the Last Interglacial / Glacial Cycle in Germany. — Quaternary International, **3-4**:69–79, Elsevier.

Husen van, D., 1981. Geologisch-sedimentologische Aspekte im Quartär von Österreich. — Mitt. Österr. Geol. Ges., **74/75**:197–230, Wien.

Husen van, D., Behbehani, A., Braunstingl, R., Chondrogianni, Ch., Helbig, I., Horsthemke, E., Janoschek, W., Müller, I., Niessen, F., Pavlik, W., Plöchinger, B., Prey, S., Schmidt, H., Schneider, I., Sperl, H., Strackenbrock, I., Sturm, M. & Wetzel, B., 1989. Geologische Karte der Republik Österreich, 1:50.000, Blatt 65, Mondsee. — Geol. B.A., Wien.

Husen van, D., 1999. Geologisch-baugeologische Erfahrungen beim Bau des Eisenbahntunnels Lambach, OÖ. — Mitt. Österr. Geol. Ges., **90**:137–154, Wien.

Husen van, D., 2000. Geological Processes during the Quaternary. — Mitt. Österr. Geol. Ges., **92**:135–156, Wien.

Kohl, H., 1977. Kremsmünster, eine Schlüsselstelle für die Eiszeitforschung im Nördlichen Alpenvorland. — 120. Jahresber. Stiftsgym. Kremsmünster:245–254, Kremsmünster.

Kohl, H., 2000. Das Eiszeitalter in Oberösterreich. — Schriftenreihe des OÖ Musealvereins, **17**:487, Linz.

Kukla, G., 2005. Saalian supercycle, Mindel/Riß interglacial and Milankovitch's dating. — Quaternary Science Reviews, **24**:1573–1583, Elsevier.

Krenmayr, H.G., Kohl, H., Roetzel, R. & Rupp, Ch., 1996. Geologische Karte, 1:50.000 Blatt 49, Wels, Erläuterungen (1997). — Geol. B.A., Wien

Larsen, N.K., Knudsen, K.L., Krohn, C.F., Kronborg, C., Murray, A.S. & Nielsen, O.B., 2009. Late Quaternary ice sheet, lake and sea history of southwest Scandinavia – a synthesis. — Boreas, **38**:732–761, Wiley-Blackwell.

Lisiecki, L.E. & Raymo, M.E., 2005. A Pliocene-Pleistcene stack of 57 globally distributed benthic $\sigma^{18}O$ records. — Paleoceanography, **20**:1–17, Rockville, MD.

Masson-Delmotte, V., Stenni, B., Pol, K., Braconnot, P., Cattani, O., Falourd, S., Kageyama, M., Jouzel, J., Landais, A., Minster, B., Barnola, J.M., Chappellaz, J., Krinner, G., Johnsen, S., Röthlisberger, R., Hansen, J., Mikolajewicz, U. & Otto-Bliesner, B., 2010. EPICA Dome C record of glacial and interglacial intensities. — Quaternary Science Reviews, **29**:113–128, Elsevier.

McManus, J.F., Oppo, D.W., Cullen, J.L., 1999. A 0.5-million-year record of millennial-scale climate variability in the North Atlantic. — Science, **283**:971–975, AAAS Washington.

Meyer, H.-H. & Kottmeier, Ch., 1989. Die atmosphärische Zirkulation in Europa im Hochglazial der Weichsel-Eiszeit – abgeleitet von Paläowind-Indikatoren und Modellsimulationen. — Eiszeitalter und Gegenwart, **39**:10–18.

Monegato, G., Ravazzi, C., Donegana, M., Pini, R., Calderoni, G. & Wick, L., 2007. Evidence of a two-fold glacial advance during the last glacial maximum in the Tagliamento end moraine system (Eastern Alps). — Quaternary Research, **68**:284–302, Elsevier.

Muttoni, G., Carcano, C., Garzanti, E., Ghielmi, M., Piccin, A., Pini, R., Rogledi, S. & Sciunnach, D., 2003. Onset of major Pleistocene glaciations in the Alps. — Geology, **31**:989–992.

Penck, A. & Brückner, E., 1909. Die Alpen im Eiszeitalter, 1199 S., Tauchnitz, Leipzig.

Preusser, F. & Fiebig, M., dieser Band. Chronologische Einordnung des Lossprofils Wels auf der Basis von Lumineszenzdatierungen. — Mitt. Komm. Quartärforsch. Österr. Akad. Wiss., **19**:63–70, Wien.

Pye, K., 1995. The Nature, Origin and Accumulation of Loess. — Quaternary Science Reviews, **14**:653–667, Elsevier.

Raymo, M.E., 1997. The timing of major climatic terminations. — Paleoceanography, **12**:577–585, Rockville, MD.

Reitner, J.M. & Ottner, F., dieser Band. Geochemische Charakterisierung der Verwitterungsintensität der Löss – Paläoboden-Sequenz von Wels/Aschet. — Mitt. Komm. Quartärforsch. Österr. Akad. Wiss., **19**:37–45, Wien.

Rupp, Ch., Brüggemann, H., Coric, S., van Husen, D., Krenmayr, H.G., Roetzel, R. & Sperl, H., 2008. Geologische Karte, 1:50.000, Blatt 47, Ried im Innkreis, mit Erläuterungen. — Geol. B.A., Wien.

Scholger, R. & Terhorst, B., dieser Band. Paläomagnetische Untersuchungen der pleistozanen Löss-Paläobodensequenz im Profil Wels-Aschet. — Mitt. Komm. Quartärforsch. Österr. Akad. Wiss., **19**:47–61, Wien.

Spötl, C., Scholz, D. & Mangini, A., 2008: A terrestrial U/Th-dated stable isotope record of the Penultimate Interglacial. — Earth Planet. Sci. Letters, **276**:283–292, Elsevier.

Terhorst, B., Ottner, F. & Holawe, F., dieser Band. Pedostratigraphische, sedimentologische, mineralogische und statistische Untersuchungen an den Deckschichten des Profils Wels/Aschet (Oberösterreich). — Mitt. Komm. Quartärforsch. Österr. Akad. Wiss., **19**:13–35, Wien.

Strattner, M. & Rolf, Ch., 1995. Magnetostratigraphische Untersuchungen an pleistozänen Deckschicht-Profilen im bayerischen Alpenvorland. — Geologica Bavarica, **99**:55–101, München.

Weinberger, L., 1955. Exkursion durch das österreichische Salzach Gletschergebiet und die Moränengürtel der Irrsee- und Attersee-Zweige des Traungletschers. — Verh. Geol. B.A., **7**:34, Wien.

Mitt. Komm. Quartärforsch. Österr. Akad. Wiss., **19**:13–35, Wien 2011

Pedostratigraphische, sedimentologische, mineralogische und statistische Untersuchungen an den Deckschichten des Profils Wels/Aschet (Oberösterreich)

by

Birgit Terhorst[1] Franz Ottner & Franz Holawe[2]

Terhorst, B., Ottner, F. & Holawe, F., 2011. Pedostratigraphische, sedimentologische, mineralogische und statistische Untersuchungen an den Deckschichten des Profils Wels/Aschet (Oberösterreich). — Mitt. Komm. Quartärforsch. Österr. Akad. Wiss., **19**:13–35, Wien.

Zusammenfassung

Auf der als günzzeitlich eingestuften fluvioglazialen Terrasse der Traun-Ennsplatte bei Wels/Aschet sind komplexe Deckschichten entwickelt, welche mit einem breiten Methodenspektrum untersucht wurden. Auf der Basis der im Gelände erhobenen paläopedologischen Daten wurden sedimentologische und mineralogische Analysen durchgeführt. Die Ergebnisse zeigen, dass sich die Paläoböden in ihrer Zusammensetzung eindeutig von den Lösslehmen differenzieren lassen und durchweg interglaziale Verwitterungsintensität aufweisen. Die Ergebnisse der Gesamt- und Tonmineralanalysen erlauben eine Einstufung der Verwitterungsintensität auf der Grundlage von Indikatormineralen. Während gesamtmineralogisch gesehen geringfügig verwitterter Löss noch Karbonatminerale enthalten, bzw. Chlorit dort nachweisbar ist, sind die intensiv verwitterten Bodenhorizonte durch ein abnehmende Gehalte an Glimmer und auch Feldspäten gekennzeichnet. Bei den tonmineralogischen Analysen spielt das Mineral Chlorit sowie die 14Å- und 18Å-Vermikulite und zusätzlich die mixed layer-Minerale eine wichtige Rolle für die Bewertung der Verwitterungsstufe. In den geringer verwitterten Lösslehmen kann primärer Chlorit auftreten und 14Å-Vermikulit ist dominant (Stufe 1 und 2). Ab der Verwitterungsstufe 3 steigt der Gehalt von 18Å-Vermikulit deutlich an und prägt dann die nächsthöhere Stufe 4. Durch intensivste Pedogenese verwitterte auch Illit vollständig (Stufe 5). Die Paläoböden in Wels-Aschet befinden sich grundsätzlich mindestens in der Stufe 3, zu der jedoch vereinzelt auch die älteren Lösslehme gehören.

Die Geländedaten wurden mit den Laborergebnissen durch statistische Analysen, hier insbesondere durch Clusteranalysen verglichen, kombiniert und klassifiziert mit dem Ziel, Korrelationen zu erkennen und die Zuordnung zu den Verwitterungsstufen zu kontrollieren und gegebenenfalls neue Klasseneinstufungen zu erkennen. Insgesamt konnten vier interglaziale Paläoböden in den Deckschichten sowie ein überdurchschnittlich verwitterter Paläoboden im Kieskörper der Älteren Deckenschotter in Wels-Aschet ausgewiesen werden. Dies erlaubt eine stratigraphische Einstufung der Älteren Deckenschotter mindestens in das Marine Isotopenstadium (MIS) 14. Da dieses Glazial jedoch wenig intensiv war und zudem der Verwitterungsgrad des basalen Paläobodens deutlich über dem der übrigen Paläoböden liegt und damit zwei Interglazialen entsprechen könnte, erscheint eine Einstufung der Älteren Deckenschotter in das ausgeprägte Glazial des MIS 16 möglich.

[1] Prof. Dr. Brigit Terhorst, Institut für Geographie, Universität Würzburg, Am Hubland, D-97074 Würzburg, e-mail: birgit.terhorst@uni-wuerzburg.de

[2] Prof. Mag. Dr. Franz Ottner, Institut für Angewandte Geologie, Department für Bautechnik und Naturgefahren, Universität für Bodenkultur Wien, Peter Jordan Straße 70, 1190 Wien, e-mail: franz.ottner@boku.ac.at

[3] Prof. Dr. Franz Holawe, Institut für Geographie und Regionalforschung, Universität Wien, Universitätsstr. 7, A-1010 Wien. franz.holawe@univie.ac.at

Abstract

Complex cover layers developed on the fluvioglacial terrace of the Traun-Enns-plate near Wels/Aschet, which were attributed to the Günz glaciation, have been analysed using a range of methods. Sedimentological and mineralogical analyses were carried out on the basis of palaeopedological data collected in the field. The results show that the palaeosols can be clearly differentiated from the loess layers. Furthermore, the palaeosols correspond to an interglacial weathering intensity throughout. The mineralogical composition and in particular the clay minerals allow to recognize the intensity of weathering based on indicator minerals. From a mineralogical perspective, weakly weathered loess still contains carbonate minerals and small amounts of chlorite, whereas intensely weathered soils are characterized by decreasing amounts of mica and feldspar. Chlorite and 14Å- and 18Å-vermiculites, as well as mixed-layer clay minerals play an important role for determining the degree of weathering. Primary chlorite is locally present in the less weathered loess and 14Å-vermiculite is dominant. The amount of 18Å-vermiculite increases considerably from weathering level 3 onwards and dominates level 4. Intensive weathering processes also caused the complete weathering of illite (level 5). Generally, the palaeosols in Wels-Aschet classify at least as level 3 in both weathering systems. However, older loess layers partly belong to this level as well.

Field data were compared with laboratory results using statistical analyses, including cluster analysis, and were combined and classified in order to recognise correlations and to check the identification of weathering levels, and, if required, to identify new rankings.

Altogether four interglacial palaeosols were identified in the top layers as well as a highly weathered palaeosol within the gravel sequence of the Günz terrace. These observations allow to relate the Günz gravels at least to the Marine Isotope Stage (MIS) 14. This was not a major glacial period, however, and the high weathering degree of the basal palaeosol compared to the other palaeosols might actually reflect two interglacials. Therefore, a classification of the Günz terrace as MIS 16 seems also possible.

1. Einleitung

In der marinen Stratigraphie liegt vor allem aufgrund von Sauerstoffisotopenkurven eine kontinuierliche Aufzeichnung über Anzahl und Dauer der Glazial-/Interglazialzyklen sowie für die paläoklimatische Entwicklung des Mittelpleistozäns vor. Nach Lisiecki & Raymo (2005) sind acht Glazial-/Interglazialzyklen oberhalb der Brunhes/Matuyama-Grenze (< 780.000 Jahre) vorhanden. Terrestrische Studien in Europa können diesen Vorgaben für den mittelpleistozänen Zeitabschnitt nicht folgen. Grundsätzlich besteht für terrestrische mittelpleistozäne Deckschichten das Problem einer zuverlässigen und hinreichend genauen Datierung oberhalb der Matuyama/Brunhes-Grenze. Daraus ergibt sich eine weitreichende Datierungslücke zwischen der Magnetumkehr und dem Marinen Isotopenstadium (MIS) 6 (vgl. auch Habbe, 2003). Im Zeitabschnitt vom MIS 6 bis MIS 2 sind in den letzten Jahren mittels Lumineszenzverfahren zahlreiche Datierungen im Alpenvorland durchgeführt und in der Folge chronostratigraphische Modelle erstellt worden (Frechen, 1999; Terhorst et al., 2002; Miara, 1995).

Im Untersuchungsgebiet sowie im östlich anschließenden Innviertel sind vier deutliche und flächenhaft ausgebildete Fluvioglazialterrassen vorhanden: Niederterrasse, Hoch-

terrasse, Jüngere und Ältere Deckenschotter. Während die rißzeitliche Stellung der Hochterrassenschotter im Untersuchungsgebiet durch pedostratigraphische Untersuchungen und absolute Datierungen in den Deckschichten (vgl. Terhorst et al., 2002, 2003a, b) weitgehend gesichert erscheint, herrscht über das Alter der älteren Schotterablagerungen Unklarheit. In Ermangelung absoluter Daten wird deshalb bis heute die klassische morphostratigraphische Gliederung nach Penck & Brückner (1909) angewandt, wenn auch bereits frühere Studien über die Deckschichten der fluvioglazialen Terrassen im Linz-Welser Raum deutlich zeigen, dass es für die klassischen Vorstellungen zu viele Interglazialböden gibt (vgl. Kohl & Krenmayr, 1997).

Die Ausbildung der Deckschichten auf den unterschiedlich alten Terrassenablagerungen sowie die darin entwickelten Paläoböden erlauben relative Alterseinstufungen für den unzureichend datierten Zeitraum des Mittelpleistozäns und sind aus diesem Grund außerordentlich wichtig für die Quartärstratigraphie und Landschaftsentwicklung im Untersuchungsraum.

Bisher konnte die Matuyama/Brunhes-Grenze nicht in den günzzeitlichen Ablagerungen des östlichen Alpenvorlandes nachgewiesen werden, nach eigenen Untersuchungen und den Ergebnissen von Scholger & Terhorst (dieser Band), sind die Sedimente der Brunhes Chron zuzuordnen. In der bisher vorliegenden Literatur werden die günzzeitlichen Ablagerungen im nordöstlichen Alpenvorland in das MIS 16 eingestuft (Scholger & Terhorst, dieser Band; Terhorst, 2007; van Husen, 2000).

Die vorliegende Arbeit stellt die paläopedologische Aufnahme der Löss/Paläoboden-Sequenz Wels/Aschet in Oberösterreich vor. Die Deckschichten befinden sich auf der Terrasse der Älteren Deckenschotter der Traun-Enns-Platte und können deshalb zur relativen Alterseinstufung der Günzablagerungen einen entscheidenden Beitrag liefern. Charakteristisch für mittelpleistozäne Abfolgen im Untersuchungsraum ist ein komplexer Aufbau, der sich im Wechsel von geomorphodynamisch aktiven Phasen mit stabilen Zeiten der Bodenbildung äußert (vgl. Terhorst, 2007). Die Schichten und Horizonte wurden durch Paläoklimaänderungen und daraus resultierenden Prozessen mehrfach überprägt, so dass eine eindeutige pedostratigraphische und z.T. auch paläopedologische Klassifizierung nicht in allen Fällen möglich ist. Studien über die quartären Ablagerungen in Wels/Aschet liegen insbesondere von Kohl & Krenmayr (1997) und Stremme et al. (1991) vor.

Für die Einschätzung des Alters, der Paläoumweltbedingungen und der Landschaftsgenese auf der Traun-Enns-Platte sind paläopedologische und pedostratigraphische Untersuchungen in Verbindung mit den jeweiligen morphostratigraphischen Positionen maßgeblich. Die Einbeziehung der regionalen Kenntnisse über die Ausbildung der Deckschichten auf unterschiedlichen paläogeomorphologischen Positionen kann zudem zur Erstellung eines stratigraphischen Rahmens beitragen. Für eine relative Stratigraphie ist die Anzahl der interglazialen Paläoböden auf einer definierten paläogeomorphologischen Position von entscheidender Bedeutung. Generell gilt für die intensive glazial und periglazial beeinflusste Morphodynamik im Alpenvorland während des Pleistozäns, dass mittelpleistozäne Deckschichten einer intensiven Erosion während der (nachfolgenden) Glaziale unterliegen. Diese Erosionsvorgänge führen in der Folge dazu, dass sich zumeist nur die basalen Profilabschnitte sowie erosionsresistentere Schichten erhalten können. Zu den letzeren zählen vor allem Interglazialböden, welche unter den regionalen Paläoklimabedingungen einen erhöhten Tongehalt aufweisen und zudem aufgrund einer polyedrischen bis subpolyedrischen Gefügeausbildung weniger erosionsgefährdet sind. Eine wichtige Rolle spielt bei der Einstufung eines Paläobodens in eine interglaziale Klimaperiode die Verwitterungsintensität. Der Grad der Verwitterung eines interglazialen Paläobodens sollte zumindest jener der holozänen Bodenbildung entsprechen. Grundsätzlich geht die Verwitterungsintensität der älteren Böden deutlich über die des vergleichbaren holozänen Bodens hinaus, was sich vor allem durch eine länger andauernde, respektive wiederholte Verwitterung während älterer Interglaziale erklärt. Dieser Vergleich stellt im Prinzip eine sehr einfache, aber häufig nicht beachtete wissenschaftliche Grundlage für die Einschätzung interglazialer Pedogenese dar. Dies kann zum einen durch Geländebefunde, wie intensive Färbung, in-situ Toncutane und ein entsprechend ausgebildetes Bodengefüge nachgewiesen werden. Zum anderen müssen sedimentologische und mineralogische Analysen zur Befundlage hinzugezogen werden. Zumeist sind die Tongehaltsunterschiede zwischen Paläobodenhorizont und Sediment sehr aussagekräftig. Allerdings ist dabei zu berücksichtigen, dass die älteren Lösse, bzw. Lösslehme lokal ebenfalls einen hohen Tongehalt bedingt durch chemische und mechanische Verwitterung während unterschiedlichen pleistozänen Klimaphasen überprägt sein können. Für quartäre Deckschichten gibt die Neubildung von Tonmineralen und deren Verlagerung innerhalb der Bodenhorizonte in Relation zum Gesamtmineralgehalt deutliche Hinweise auf interglaziale Verwitterungsbedingungen. Im Gegensatz dazu spielt die Neoformation von Tonmineralen in interstadialen Böden kaum eine Rolle (vgl. Terhorst et al., 2003a und Terhorst et al., 2003b).

Um die Laborergebnisse mit den Geländeaufnahmen zu kombinieren und zu verifizieren wurden zudem mittels statistischer Ansätze Paläoböden und Sedimente mit Clusterverfahren bewertet. Die Laborbefunde wurden mittels Cluster- und Diskriminanzanalyse dahingehend untersucht, ob sich die durch die Geländeaufnahme vorgegebene Klasseneinteilung reproduzieren lassen. Zusätzlich können typische Klassenbildungsmerkmale der Geländeaufnahme, wie die Bodenfarbe auf ihre Zusammenhänge mit den klassischen Laborwerten, wie das die Korngrößen sind, untersucht werden. Diese Methodenkombination ist für die (Paläo-)Untersuchungsobjekte völlig neu.

2. Methodik

2.1. Geländeaufnahme

Die Geländeaufnahme erfolgte nach Vorgabe der Deutschen Bodenkundlichen Kartieranleitung (AD-HOC-Arbeitsgruppe Boden 2005). Die Probennahme wurde horizontweise durchgeführt. Die Farbbestimmungen basieren auf der Farbkarte der Munsell Soil Color Charts (2000).

2.2. Korngrößenverteilung

Die Korngrößenverteilung wurde durch Kombination von Nasssiebung der Fraktion > 40 µm und automatischer Sedimentationsanalyse mittels Sedigraph 5000 ET der Firma Micromeritics ermittelt. 50 g der getrockneten Probe wurden in einem Kolben mit 200 ml 10% H_2O_2 behandelt. Ziel ist die Oxidation organischer Bestandteile und eine gute Dispergierung der Probe. Nach ungefähr 24 Stunden Reaktionszeit wurde im Wasserbad das unverbrauchte H_2O_2 abgeraucht, anschließend mit Ultraschall behandelt und mit einem Siebsatz von 2 mm, 630 µm, 200 µm, 63 µm und 40 µm gesiebt. Die Grobfraktionen wurden bei 105°C getrocknet und in Massenprozent der Einwaage angegeben. Der Anteil < 40 µm wurde im Wasserbad eingedickt, davon ein repräsentativer Teil entnommen, mit 0,5% Calgon und im Ultraschallbad dispergiert und im Sedigraph mittels Röntgenstrahl nach dem Stoke'schen Gesetz analysiert. Aus der Kornsummenkurve des Sedigraphs und den Siebdaten wurde die Korngrößenverteilung der Gesamtprobe ermittelt.

2.3. Gesamtmineralanalyse

Die getrockneten und analysenfein in einer Scheibenschwingmühle vermahlenen Proben wurden nach dem backloading-Verfahren präpariert und in einem Philips Röntgendiffraktometer PW 1710 mit Bragg Brentano Geometrie mittels Cu Kα-Strahlung (45 kV, 40 mA) von 2° bis 70° 2θ geröntgt. Aus diesen Aufnahmen wurde der qualitative Mineralbestand ermittelt.

2.4. Tonmineralanalyse

Die Proben wurden mit 10%-igem H_2O_2 dispergiert. Nach Abklingen der Reaktion und Entfernung des überschüssigen H_2O_2 erfolgte eine 15-minütige Beschallung im Ultraschallbad. Mittels Nasssiebung wurde die 63 µm Fraktion und aus dieser durch Sedimentation die 2 µm Fraktion gewonnen.

Anschließend erfolgte die Kationenbelegung. Jeweils 40 ml der Tonsuspension wurden mit 10 ml 4 N KCl-Lösung bzw. 4 N $MgCl_2$-Lösung vermischt und 12 Stunden geschüttelt. Als Unterlage für die Texturpräparate dienten

Keramikplättchen, auf die durch Unterdruck die Tonsuspension aufgesaugt wurde. Nach erfolgter Aufnahme
im Diffraktometer kamen die Plättchen in Ethylen-
glykol-Atmosphäre (zur Unterscheidung von Smektit
von Vermikulit) und die K-belegten Proben in DMSO
(Dimethylsulfoxid)-Atmosphäre (Unterscheidung
Chlorit/Kaolinit). Nach einer weiteren Aufnahme im
Diffraktometer wurden die kaliumbelegten Präparate
zwei Stunden bei 550°C getempert (Unterscheidung
primärer/sekundärer Chlorit). Anschließend erfolgt die
Auswertung der einzelnen Tonmineralphasen nach dem
gleichen Prinzip wie bei der Gesamtmineralbestimmung.
Die Identifizierung der Minerale und Tonminerale
erfolgte generell nach BRINDLEY & BROWN (1980) und
MOORE & REYNOLDS (1997).

2.5. Verwitterungsintensität

Aus den Daten der Gesamt- und auch der Tonmineralanalysen erfolgte im Rahmen der Studie eine Abschätzung der Verwitterungsintensität der einzelnen Horizonte
aufgrund ihres Mineralbestandes. Dabei wurde vorausgesetzt, dass die empfindlichsten Minerale zuerst gelöst,
bzw. umgewandelt werden, in diesem Fall die Karbonate
und Chlorit und mit fortschreitender Verwitterung erst
die stabileren Minerale wie Glimmer und Feldspäte
(Tab. 1). Auf der Grundlage der Tonmineralanalysen
wurde eine Einteilung mit dem Auftreten von primärem
Chlorit einerseits und den Vermikulit-Varietäten andererseits eine Klassifizierung der Verwitterungsintensität
vorgenommen (Tab. 2).

2.6. Statistische Analysen und ihre Voraus-
setzungen

Die Feldaufnahme liefert in Form der Horizonte und ihrer
stratigraphischen Abfolge eines Aufschlusses dem Wesen
nach eine Klassifizierung dieses Aufschlusses. Dies erfolgt
nach spezifischen Kriterien, wie z.B. der Farbgebung,
dem Karbonatgehalt, der Textur des Materials. Im Allgemeinen ist auch die Unterteilung des Profils in eine
Abfolge von differenzierten Horizonten bereits durch die
Geländeerhebungen vorgegeben. Während beispielsweise
für die Abgrenzung von Horizonten die Farbe herangezogen wird, stellt die Abfolge der Farben für sich selbst
genommen bereits eine Klassifizierung dar. Diese lässt
sich zudem für den trockenen und den feuchten Zustand
getrennt erstellen. Obwohl bereits bei der Feldaufnahme
die Korngrößen hauptsächlich in die Abgrenzung der
Horizonte einfließen, liegen erst im Nachhinein die gemessenen Korngrößenverteilungen dieser Horizonte vor.
Methodisch scheint hier eine Schwachstelle zu liegen,
weil, formal gesprochen, eine Klassifizierung ja bereits
bei der Feldaufnahme vorgegebenen wurde. Die Messung
der Kornfraktionen liefert jedoch eine weitere Klasse von
Variablen, die sich von Ihrem Wesen als gemessene Größe
sehr gut für Klassifizierungen eignet. Idealerweise wäre
zusätzlich zur klassischen Horizontabgrenzung bei der
Feldaufnahme eine äquidistante Probennahme.
Vom untersuchten Profil Wels/Aschet liegen neben den
Geländedaten eine Farbklassifizierung, das Spektrum
der Korngrößen, davon abgeleitete Größen oder Verhältniszahlen und schließlich zwei Klassifizierungen über
den Verwitterungszustand vor. Zunächst einmal geht
es darum, die in der Aufnahme des Profils vorhandene
Klassifizierung mittels der gemessenen Größen auf Ihre
Korrektheit hin zu untersuchen. Danach werden alle für
das Profil Aschet vorliegenden Messwerte und Klassifizierungen auf mögliche Zusammenhänge hin analysiert.
Die Datengrundlage bilden die von der Feldaufnahme
stammenden Horizontabfolge, die für die Horizonte
vorliegenden Farbklassen, Korngrößenverteilungen und
von den Korngrößen abgeleiteten Verwitterungsindizes.
Die Klassifizierung des Profils in eine Abfolge von gegen-
einander abgegrenzten Horizonten bei der Feldaufnahme

Verwitterungsintensität		Leitminerale
Stufe 1		Karbonatminerale enthalten
Stufe 2		Karbonate verwittert, Chlorit nachweisbar
Stufe 3		Glimmer noch enthalten
Stufe 4		Glimmer verwittert
Stufe 5		Glimmer und Feldspäte verwittert

Tabelle 1: Verwitterungsstufen der Gesamtminerale.

Verwitterungsintensität		Leitminerale
Stufe 1		Primärer Chlorit ist vorhanden
Stufe 2		Vermikulit 14Å dominant
Stufe 3		Vermikulit 18 Å deutlich
Stufe 4		Vermikulit 18Å dominant, Vermikulit 14 Å komplett umgewandelt
Stufe 5		Illit verwittert

Tabelle 2: Verwitterungsstufen der Tonminerale.

Abbildung 1: a) Übersichtsprofil, deutlich kommen die einzelnen Paläobodenhorizonte heraus (römische Ziffern vom 1. bis 5. Paläoboden). **b)** würmzeitlicher Abschnitt: I = Tundragley/Nassboden, II = Löss, III = Altheimer Umlagerungszonen mit Bodensedimenten. Aufnahmen: D. van Husen, 2003.

Abbildung 2: Paläopedologisches Profil Wels/Aschet mit Horizontbezeichnungen und Probennummerierung (aus TERHORST, 2007).

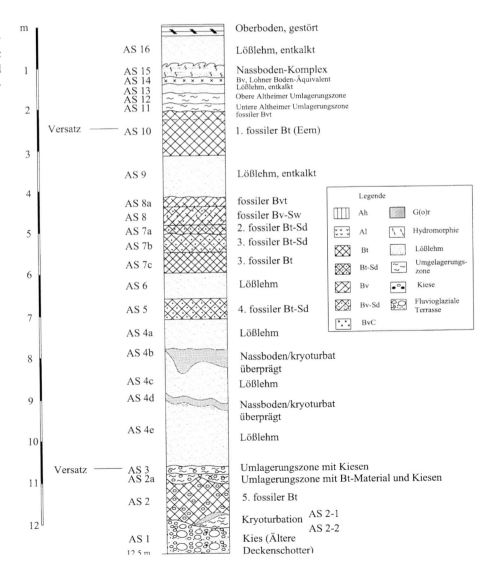

ist das Ergebnis der Integration einer Anzahl von meist deskriptiven Bewertungen. Untersucht werden soll, ob sich diese Horizonte und deren Abgrenzungen tatsächlich in den gemessenen Größen wieder finden. Für derlei Analysen und Synthesen eignen sich insbesondere die Cluster- bzw. die Diskriminanzanalyse (HANDL, 2002). Mit ersterer lassen sich Gruppierungen vorgegebener Variabler vornehmen, letztere eignet sich für die Untersuchung vorgegebener Klassifikationen aber auch die Klassifizierung (BACKHAUS et al., 1987; TINSLEY & BROWNS, 2000). Die Untersuchungen werden zunächst unter Berücksichtigung aller Variablen, zuzüglich der Kiesanteile durchgeführt. Eine Nichtberücksichtigung der Kiesanteile bedeutet eine Reskalierung der verbleibenden Korngrößenanteile auf 100 %. Auf eine Darstellung dieser Lösungen wird aber ebenso verzichtet wie auf eine Ausführung der Ergebnisse der Faktorenanalyse. Letztere wurde mit dem Ziel erstellt, eventuell vorhandene Faktoren zu finden, welche die Variabilität in diesem Profil am stärksten dominieren.

3.1. Paläopedologische Feldbefunde

Die Deckschichten des untersuchten Profils sind 12,5 m mächtig und auf den Älteren Deckenschottern der Traun-Enns-Platte abgelagert worden (Abb. 1, links). Sie sind weitgehend karbonatfrei, während die Kiesablagerungen der Älteren Deckenschotter durch hohe Karbonatgehalte gekennzeichnet sind. Generell sind die mittelpleistozänen Lössablagerungen der Traun-Ennsplatte weitgehend karbonatfrei, während die fluvioglazialen Sedimente karbonathaltig sind. Vermutlich handelt es sich dabei um eine post- oder synsedimentäre Entkarbonatisierung, bei der vorwiegend zwei Faktoren im Untersuchungsgebiet eine Rolle spielen. Zum einen erfolgte die Ablagerung

von Löss unter den humideren Klimabedingungen der Staublehmlandschaft im Übergang zur feuchten Lößlandschaft nach FINK et al. (1978), so dass vor allem die nicht hochglazial abgelagerten Sedimente erhöhter Feuchtigkeit ausgesetzt waren. Zum anderen sind ausschließlich die Jungwürmlösse nennenswert karbonathaltig, in den mittelwürmzeitlichen Sedimenten setzt der Karbonatgehalt bereits weitgehend aus, so dass auch das Alter der Sedimente, bzw. die Dauer der Verwitterungsprozesse eine Rolle spielt.

In den zum Teil karbonatisch verkitteten Kiesen der Älteren Deckenschotter (Abb. 2, AS 1) tritt ein intensiver rötlicher, ferrettoartiger Verwitterungshorizont mit dunkelroten Toncutanen (AS 2) auf (Abb. 3). Der Feinboden zeigt mit 60,0% den höchsten Tonanteil im gesamten Profil (s. Kap. 3.2, Tab. 3). Stellenweise ist der Paläoboden geringfügig durch Kryoturbationen gestört.

Über dem Paläoboden, der mindestens ein Interglazial repräsentiert, kamen umgelagerte, kiesführende Schichten zur Ablagerung, welche von einem zweifach durch Kryoturbationen gestörten, 3,5 m mächtigen Lösslehm überdeckt wurden (Abb. 2, AS 4a - 4e). Die eingeschalteten Kryoturbationshorizonte sind als Nassböden, bzw. Tundragleye, ausgebildet und weisen eine intensiv graubraune Färbung, wie sie für Gleye charakteristisch ist, auf. Die Graufärbung ist eine Reaktion auf temporär vorhandenes Stauwasser und zeigt reduzierende Bedingungen während der Bodenbildung an. Derartige Verhältnisse treten in Lößsequenzen im Bereich des ehemaligen sommerlichen Auftaubodens über einer Permafrosttafel auf (vgl. SEMMEL, 1968; VAN-VLIET-LANOË, 2004). Ober- und Untergrenzen der Nassböden weisen wellige, z.T. stark gestauchte Grenzen auf und besitzen ein linsenartiges, frostplattiges Bodengefüge als Reaktion auf Frostwechselprozesse im Oberboden.

Abbildung 3: Detailaufnahme des untersten und ältesten Paläobodens mit deutlich roter Färbung und toniger Matrix. Der Horizont ist sehr dicht gelagert und enthält stark verwitterte Kiese. Dunkelrote Bereiche sind flächenhafte Tonüberzüge auf Aggregatoberflächen. Aufnahme: D. van Husen, 2003.

Abbildung 4: a) Profilausschnitt aus dem obersten Bereich. I = würmzeitliche Abfolge, II = Eemboden, III = rißzeitlicher Löss, 4 = vorletzter Interglazialboden (2.fBt-Sd). **b)** Mittlerer Profilausschnitt: 2. und 3. Paläoboden, unterlagert von Lösslehm. Aufnahme: D. van Husen, 2003.

Die zweifache Untergliederung des untersten Lösslehms auf den Älteren Deckenschottern wurde bereits von Kohl (2000) für Wels/Aschet sowie auch für den ehemaligen Aufschluss Linz/Grabnerstraße beschrieben (vgl. auch Fink et al., 1978). In dem Lösslehm AS 4a hat sich ein gekappter Paläoboden entwickelt, der durch einen intensiv pseudovergleyten dunkel gelbbraunen Bt-Sd-Horizont interglazialer Ausprägung überliefert ist (AS 5). Die Toncutane sind intensiv über den gesamten Horizont verteilt und haben im geringeren Ausmaß auch die Porenräume unterlagernden Lösslehme überprägt. Eine weitere, geringmächtige und ungegliederte Lösslehmschicht (AS 6) überlagert den Paläoboden AS 5. Über diesem Lösslehm hat sich ein mehrfach gegliederter Pedokomplex entwickelt (AS 8a - 7c). Die basalen, 3. fBt(-Sd-)Horizonte (AS 7b, 7c) sind als schluffige Tone ausgebildet und besitzen an den Aggre-

gatoberflächen deutliche rotbraune Tonüberzüge (Abb. 4, unten). Diese beiden unteren Horizonte des Pedokomplexes lassen sich durch eine Erosionsdiskordanz (wellige Horizontgrenze) und einer Korngrößenveränderung deutlich von dem darüber liegenden 2. fBt-Sd Horizont (AS 7a) unterscheiden. Die Differenz manifestiert sich vor allem in dem erhöhten Tongehalt von 43,1%, was eine Erhöhung von über 10% ausmacht (Tab. 3). Zudem sind die hydromorphen Bodenmerkmale deutlich schwächer ausgebildet. Die Horizonte 8 und 8a im Hangenden des Pedokomplexes sind nicht eindeutig zu interpretieren. Sie sind sehr intensiv pseudovergleyt, insbesondere entlang von ehemaligen, deutlich sichtbaren Wurzelbahnen, haben sich gräulich gefärbte reduzierte Bereiche entwickelt. Der Tongehaltsunterschied zu den unterlagernden Horizonten ist sehr groß, wie Tabelle 3 belegt. Vereinzelt treten schwache Toncutane auf, wobei im obersten fBvt-Horizont (AS 8a) geringfügig intensivere Tonüberzüge vorhanden sind.

Über diesem Pedokomplex lagert ein 1 m mächtiger Lösslehm, der nicht weiter untergliedert ist (AS 9) und hohe Schluffgehalte im Vergleich zu den meisten liegenden Horizonten aufweist (Abb. 4, unten).

In dem Lösslehm hat sich ein Interglazialboden als intensiver, 1,10 m mächtiger, dunkelbrauner fBt-Horizont einer fossilen Parabraunerde (AS 10) entwickelt, in dem nur geringfügige Hydromorphiemerkmale auftreten (Abb. 4, oben). Der obere Abschnitt (fBvt-Horizont/AS 10) weist eine schwache Tondurchschlämmung auf und ist deutlich weniger intensiv als der mittlere und basale fBt-Horizont. Der Interglazialboden weist sehr große Ähnlichkeiten mit dem 1. fBt-Horizont des nahegelegenen Profils Oberlaab auf (Terhorst et al., 2003a, 2007).

Eine würmzeitliche Sequenz (Abb. 1, rechts), die hier im Vergleich zu anderen Profilen stark verkürzt ausgebildet ist, überdeckt den zuletzt beschriebenen Paläoboden. Die basalen würmzeitlichen Sedimente des Profils Wels/Aschet (AS 11, AS 12) lassen sich mit den Altheimer Umlagerungszonen auf den Innterrassen im Innviertel vergleichen, deren älteste Umlagerungsphasen als frühwürmzeitlich eingestuft werden (vgl. Terhorst et al., 2003b). Sie sind wie diese von Holzkohlen sowie Bt-Resten des unterlagernden Paläobodens durchsetzt. Im mittleren Abschnitt ist ein verkürztes Äquivalent des Lohner Bodens (AS 14) nachzuweisen, welches als jüngstes Mittelwürminterstadial in fast allen oberösterreichischen Löss-Sequenzen erhalten ist (Terhorst et al., 2002). Die charakteristische olivbraune Färbung und nadelstichgroße Eisenkonkretionen im Bv-Horizont sprechen für eine solche Einstufung. In seinem oberen Abschnitt ist der interstadiale Paläoboden von einer kräftigen, kryoturbat gestauchten Nassbodenbildung überprägt worden, auch dieses ein charakteristisches Phänomen der würmzeitlichen Deckschichten des Untersuchungsraumes und des Innviertels. Der darüber folgende Lösslehm (AS 16) tritt als entkalkte, geringmächtige Ablagerung auf. Der rezente Boden fehlt an diesem Profilschnitt der ehemaligen Lehmgrube.

Probe	Horizont	Kies	Sand	Schluff				Ton			
				grob	mittel	fein	Σ	grob	mittel	fein	Σ
AS16	Lösslehm	0,0	3,8	24,7	27,2	17,1	69,0	5,2	8,7	13,3	27,2
AS 13	Lösslehm	1,4	5,7	22,9	28,9	18,6	70,4	9,9	7,6	5,0	22,5
AS 10	1. fBt	1,6	3,8	17,8	24,9	19,5	62,2	12,1	13,3	7,0	32,4
AS 9	Lösslehm	0,6	5,8	24,4	27,4	18,7	70,5	12,8	7,8	2,5	23,2
AS 8a	fBvt	4,2	6,5	19,7	26,1	18,4	64,2	11,8	7,6	5,7	25,1
AS 8	fBv-Sw	0,7	4,8	25,5	27,6	19,5	74,5	12,5	6,1	3,4	22,1
AS 7a	2. fBt-Sd	3,2	5,6	18,9	15,4	13,8	48,1	10,1	10,6	22,4	43,1
AS 7b	3.fBt-Sd	0,5	8,3	28,3	14,5	15,5	58,5	11,3	14,2	7,4	32,9
AS 7c	3. f Bt	0,1	4,8	24,1	21,4	17,5	63,0	11,6	14,6	5,9	32,0
AS 6	Lösslehm	0,8	8,7	23,0	17,1	13,4	53,5	9,6	9,2	18,2	37,0
AS 5	4. fBt-Sd	0,0	0,9	20,5	11,9	12,5	45,2	11,9	13,9	28,1	54,0
AS 4a	Lösslehm	0,1	3,8	22,6	21,0	13,5	57,1	9,1	9,6	20,3	39,0
AS 4b	Nassboden	0,0	2,8	21,3	23,3	15,2	59,8	10,4	11,0	16,0	37,3
AS 4c	Lösslehm	0,0	2,6	20,7	26,0	13,8	60,5	7,5	12,4	17,0	36,9
AS 4d	Nassboden	0,0	4,4	24,6	22,2	13,6	60,4	6,7	12,8	15,7	35,2
AS 4e	Lösslehm	0,0	4,4	26,5	22,5	16,1	65,1	8,6	10,3	11,6	30,5
AS 3	Umlagerungsz.	24,9	14,9	12,6	13,1	10,0	35,7	6,7	5,2	12,6	24,5
AS 2a	Umlagerungsz.	8,7	14,8	10,9	13,2	12,6	36,7	8,5	11,1	20,2	39,8
AS 2	5. fBt	14,2	9,0	4,2	2,3	10,3	16,8	13,9	14,4	31,7	60,0
AS 2-1	Kryoturbation	1,2	10,5	16,5	15,6	13,2	45,3	9,2	11,5	22,3	43,0
AS 2-2	Kryoturbation	20,6	12,2	5,3	9,2	12,1	26,6	7,8	12,0	20,8	40,6
AS 1	Kies - äDS	67,2	11,2	4,8	5,6	4,0	14,4	2,5	1,2	3,5	7,2

Tabelle 3: Zusammenfassung der granulometrischen Ergebnisse (alle Werte in Masse %).

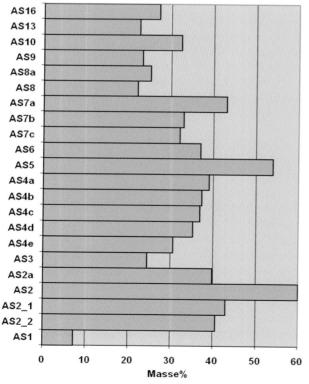

Abbildung 5: Verteilung der Tonfraktion, Masse %.

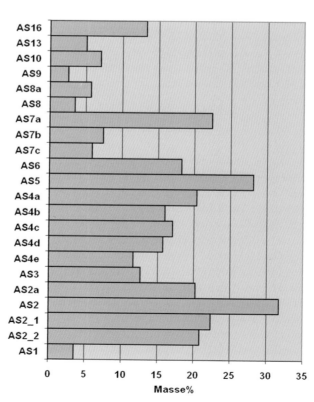

Abbildung 6: Verteilung der Feintonfraktion, Masse %.

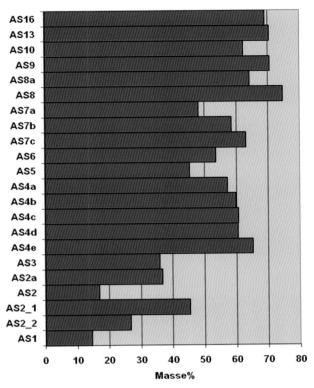

Abbildung 7: Verteilung von Schluff, Masse %.

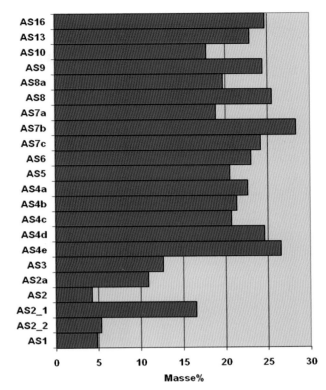

Abbildung 8: Verteilung von Grobschluff, Masse %.

3.2. Sedimentologische Ergebnisse – Korngrößenanalysen

3.2.1. Tonfraktion

Die höchsten Tongehalte treten erwartungsgemäß bei den fossilen Bt-Horizonten auf. Der älteste 5. fossile Bt-Horizont (AS 2) weist mit 60% einen außerordentlich hohen Tonanteil auf, auch im darüber folgenden Paläoboden (AS 5) ist der Anteil mit 54% immer noch beträchtlich hoch (Tab. 3). Durch etwas geringere Tonanteile sind die jüngeren Paläoböden des oberen Profilabschnittes geprägt. Hier weist der 2. fossile Bt-Sd -Horizont (AS 7a) 43,1% Ton und der 1. fossile Bt-Horizont 32,4% (AS 10) auf (Abb. 5 und 6).

Die jüngeren Lösslehme der oberen Profilabschnitte besitzen einen Tonanteil von bis zu 25% (AS 9, AS 13, AS 16), der jedoch in den älteren Horizonten auf Anteile zwischen 35 und 40% ansteigen kann (vgl. AS 14).

Bemerkenswert ist die Tatsache, dass, sobald die älteren Lösslehme weniger durch überlagernde Bodenhorizonte überprägt wurden, der Tongehalt auf Werte zwischen 24,5 und 30,5% absinkt (AS 4e und 3). In den Älteren Deckenschottern tritt nur noch ein geringfügiger Tongehalt von 7,2% auf (AS 1).

3.2.2. Schlufffraktion

Die höchsten Schluffgehalte sind, wie zu erwarten, in den Lösslehmen anzutreffen (Tab. 3, Abb. 7 und 8).

Die jüngsten Lösslehme (AS 6a, AS 13, AS 9) weisen Werte bis zu 70% auf. Hingegen betragen die Anteile der Schlufffraktion bei den älteren Lösslehmen zwischen 53 und 65% (AS 6, AS 4a - 4e).

In den basalen Bereichen des Profiles (AS 3 - AS 1) sinken die Anteile deutlich unter 45% und weisen in den Älteren Deckenschottern mit 14,4% den niedrigsten Wert auf. Darüber hinaus ist die Abnahme der Schlufffraktion in den fossilen Bt-Horizonten signifikant. Besonders markant zeigt sich dieser Trend im 5. fossilen Bt-Horizont (AS 2), in dem der Schluffanteil auf 16,8% zurückgeht.

3.2.3. Sandfraktion

Sand tritt in geringeren Mengen in allen Horizonten auf und weist Anteile zwischen 0,9 und 14,9% auf (Tab. 3). Ein eindeutiger Trend ist nicht vorhanden, auffallend ist jedoch ein geringfügig stärkeres Auftreten in den älteren Horizonten, die von den Sedimenten des Terrassenkörpers beeinflusst sind (AS 3 - AS 1).

3.2.4. Kiesanteil

Kies ist in zahlreichen Proben, insbesondere in den jüngeren Proben nicht oder in geringen Mengen nachweisbar. Etwas höhere Anteile treten nur im basalen Abschnitt auf (ab AS 3). Der höchste Anteil wurde in den Älteren Deckenschottern an der Profilbasis mit 67,2% gemessen.

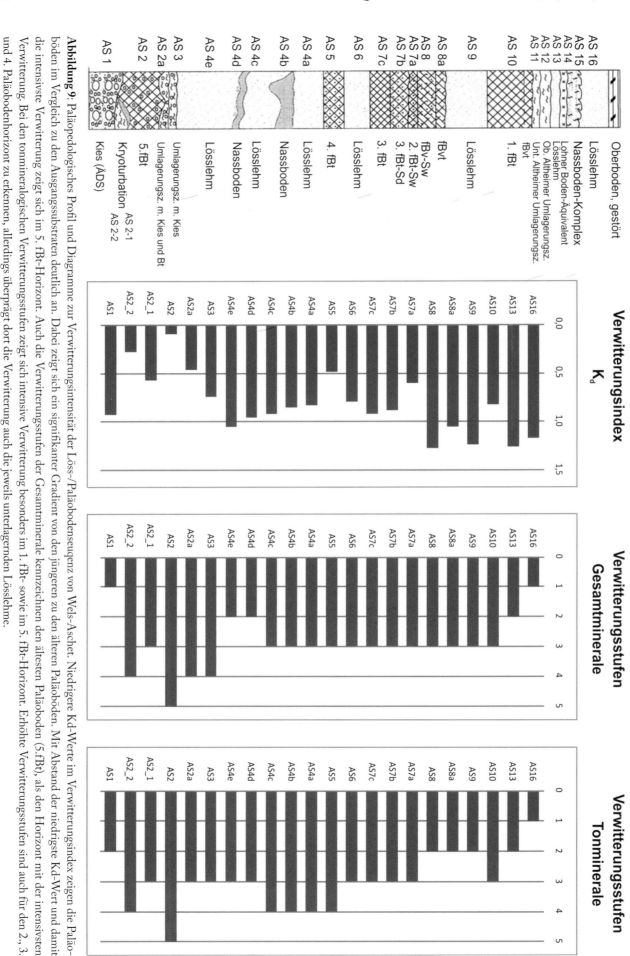

Abbildung 9. Paläopedologisches Profil und Diagramme zur Verwitterungsintensität der Löss-/Paläobodensequenz von Wels-Aschet. Niedrigere Kd-Werte im Verwitterungsindex zeigen die Paläoböden im Vergleich zu den Ausgangssubstraten deutlich an. Dabei zeigt sich ein signifikanter Gradient von den jüngeren zu den älteren Paläoböden. Mit Abstand der niedrigste Kd-Wert und damit die intensivste Verwitterung zeigt sich im 5. fBt-Horizont. Auch die Verwitterungsstufen der Gesamtminerale kennzeichnen den ältesten Paläoboden (5.fBt), als den Horizont mit der intensivsten Verwitterung. Bei den tonmineralogischen Verwitterungsstufen zeigt sich intensive Verwitterung besonders im 1.fBt- sowie im 5. fBt-Horizont. Erhöhte Verwitterungsstufen sind auch für den 2., 3. und 4. Paläobodenhorizont zu erkennen, allerdings überprägt dort die Verwitterung auch die jeweils unterlagernden Lösslehme.

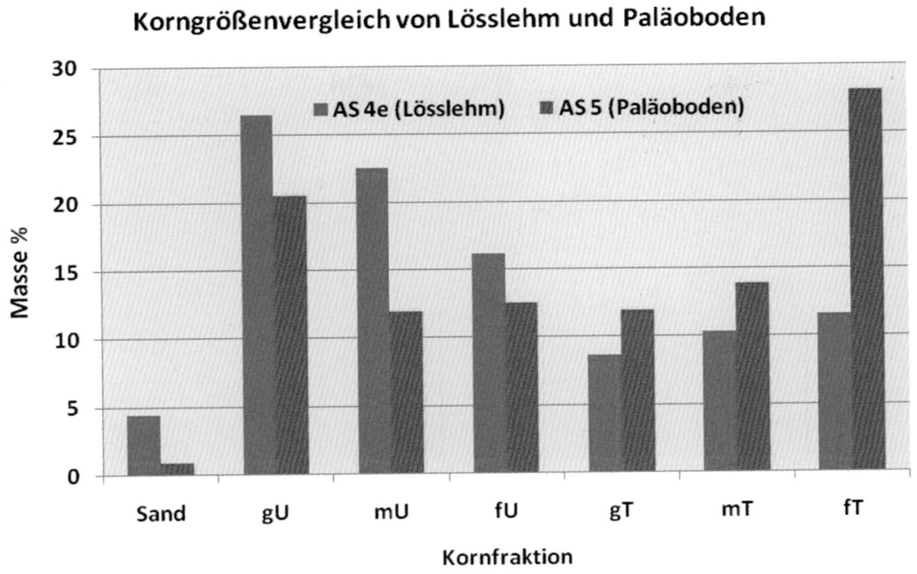

Abbildung 10: Vergleich der Korngrößenklassen des Ausgangsmaterials der Bodenbildung, Lösslehm AS 4e (blau), mit denen des daraus gebildeten Paläobodens AS 5 (rot). Deutlich ist die Abnahme der Schlufffraktionen, hier insbesondere des Mittelschluffs, bei paralleler Zunahme der Tonfraktionen zu sehen.

3.2.5. Verwitterungsintensität auf der Basis der Korngrößenverteilungen

Insgesamt gesehen, kann die Korngrößenverteilung sehr gut als Hinweis für die Intensität des Verwitterungsgrades herangezogen werden. Lessivierte Böden sind durch eine Anreicherung der Feinkornanteile zu Lasten der Grobfraktion gekennzeichnet. Deshalb können die einzelnen Bodenhorizonte entweder durch die erhöhten Werte der Ton-, respektive der Feintonfraktion (Abb. 5 und 6) oder aber an den deutlich niedrigeren Werten der Schluff-, respektive der Grobschlufffraktion erkannt werden (Abb. 7 und 8).

Nach PECSI & RICHTER (1996) kann der Verwitterungsindex Kd für die Verwitterungsintensität von Löss-Paläoböden- und Pedokomplexen herangezogen werden. Dieser wird durch Division des Grob- und Mittelschluffanteils durch den Feinschluff- und Gesamttongehalt berechnet. Generell weist der Verwitterungsindex Kd stärker verwitterte Profilabschnitte mit geringeren Werten auf (Abb. 9). Den geringsten Kd-Wert und damit mit Abstand die höchste Verwitterung erreicht der älteste Paläoboden AS 2. Signifikant hebt sich auch der darüber folgende Paläoboden AS 5 heraus. Der 2. fBt-Sd (AS 7a) unterscheidet sich deutlich von den ihn umgebenden Horizonten, auch der als Eemboden eingestufte AS 10-Horizont fällt durch etwas niederigere Kd-Werte auf.

Im Profil Wels/Aschet können die eingesetzten Methoden zur Identifizierung der Paläoböden herangezogen werden. Sehr eindrucksvoll kann die Feinkornanreicherung bzw. Grobkornreduzierung an den beiden Proben aus dem Lösslehm AS 4e und dem daraus gebildeten Paläoboden AS 5 beobachtet werden (Abb. 10). Während im Ausgangsmaterial AS 4e 69,5% Schluff und Sand vorhanden sind, beträgt der Anteil von Schluff und Sand nur 46,1% im Paläoboden AS 5. Der Tongehalt steigt von 30,5% auf 54,0% an.

3.3. Mineralogische Ergebnisse

3.3.1. Ergebnisse der Gesamtmineralanalyse

Alle untersuchten Proben sind karbonatfrei mit der Ausnahme der obersten Lössprobe AS 16 und der Probe aus den Älteren Deckenschottern. Im obersten Würmlöss ist zwar Kalzit nicht vertreten, es konnten aber Spuren von Dolomit nachgewiesen werden (etwa 1%, Tab. 4).
In den Älteren Deckenschottern besitzt Dolomit große Anteile, während Kalzit nur untergeordnet vorkommt. Chlorit erscheint nur sporadisch, beispielsweise in den oberen Horizonten (AS 16) sowie im Lösslehm darunter (AS 13). Spuren von Chlorit lassen sich auch in den Horizonten AS 4d und AS 4e nachweisen, was auf eine geringere Verwitterungsintensität dieser Horizonte schließen lässt. In den oberen Lösshorizonten und auch im 1. fBt-Horizont (Eemboden) findet sich zudem Hornblende in Spuren. Grundsätzlich treten im Profilverlauf Quarzanteile in homogener Verteilung und ohne deutlich erkennbare Trends auf. Auch Plagioklas lässt sich fast durchgehend nachweisen. Während er in den älteren Profilabschnitten nur in Spuren auftritt, ist er in den weniger verwitterten Horizonten stärker vorhanden, dies ist beispielsweise in der Schicht AS 4e der Fall. Kalifeldspat ist hingegen zumeist nur in Spuren vertreten und kann in tieferen Profilabschnitten auch fehlen (Tab. 4). Der gleiche Verlauf lässt sich für das Vorkommen von Glimmer feststellen. Schichtsilikate als Summe aller Tonminerale und Glimmer sind deutlich nachweisbar, der höchste Anteil ist im 5. fBt-Horizont (AS 2) vorhanden. Die Reflexe mit etwa 14 Å stammen von den Tonmineralen Smektit und Vermikulit, welche im folgenden Kapitel detailliert besprochen werden.
Eine wichtige Rolle spielt die Abschätzung der Verwitterungsintensität der einzelnen Horizonte, was aufgrund ihres Gesamtmineralbestandes erfolgen kann (Tab. 4).

Horizont	14Å	Glimmer	Chlorit	Schicht silikate	Quarz	K-Feld-spat	Plagio-klase	Horn-blende	Kalzit	Dolomit	Verwitter-ungsstufe
AS16	*	*	*	**	**	*	**	•		•	1
AS 13	*	*	•	**	***	•	*	•			2
AS 10	*	*		**	**	•	**	•			3
AS 9	*	*		**	**	•	**				3
AS 8a	*	*		**	**	•	*	•			3
AS 8	*	*		**	**	•	*				3
AS 7a	•	*		**	**	•	*				3
AS 7b	•	*		**	**		*				3
AS 7c	*	*		**	*	•	**				3
AS 6	*	*		**	***	•	*				3
AS 5	*	*		**	**	•	*				3
AS 4a	*	*		**	**	•	**				3
AS 4b	*	*		**	**	•	*				3
AS 4c	*	*		**	**	•	*				3
AS 4d	*	*	•	**	**	•	**				2
AS 4e	*	*	•	**	**	•	***				2
AS 3	*			**	***	•	•				4
AS 2a	*			**	**	•	•				4
AS 2	*			***	**		•				5
AS 2-1	*	*		**	**	•	*				3
AS 2-2	*	•		***	**		*				4
AS 1		•		•	*		•		*	***	1

Tabelle 4: Gesamtmineralverteilung in den Proben aus dem Profil Aschet unter Angabe der Verwitterungsintensität.

Legende: *** Mineral in großen Mengen vorhanden, ** Mineral in mittleren Mengen vorhanden, * Mineral in geringen Mengen vorhanden, • Mineral in Spuren vorhanden. Die Horizonte der Interglazialböden sind in der ersten Spalte grau hinterlegt.

Die Verwitterungsstufen (s. auch Kapitel zur Methodik) wurden speziell für die vorliegende Studie entwickelt und erlauben einen Vergleich der Verwitterungsintensität der einzelnen Horizonte (Abb. 9).

In der Verwitterungsstufe 1 sind die Horizonte mit der geringsten Verwitterungsintensität erfasst. Diese Horizonte enthalten noch Karbonatminerale, wie die Älteren Deckenschotter (AS 1) und der oberste, jüngste Löss (AS 16).

In die Verwitterungsstufe 2 lassen sich drei unterschiedlich alte Lösslehme einstufen: AS 13, AS 4d und AS 4e. Diese Schichten sind durch das Auftreten von Chlorit bei gleichzeitigem Fehlen von Karbonat gekennzeichnet.

Zur Verwitterungsstufe 3, in welcher Glimmer noch enthalten ist, zählt der Großteil der untersuchten Proben. Demnach lassen sich die Horizonte AS 2-1 und 4 bis 10 mit dieser Stufe klassifizieren. Ausschließlich in den basalen und ältesten Profilabschnitten (AS 2-2, 2a und 3) ist die Verwitterungsstufe 4 präsent, in welcher Glimmer schließlich fehlt.

Die höchste Verwitterungsstufe 5 drückt sich zum einen durch die weitgehende Abwesenheit von Glimmer und Feldspäten aus. Zum anderen besteht ein signifikantes Merkmal in dem Auftreten großer Mengen von Schichtsilikaten. Diese mit Abstand stärkste Verwitterungsintensität zeigt nur der älteste Paläoboden, der 5. fBt-Horizont (AS 2).

Insgesamt betrachtet, nimmt die Verwitterungsintensität im oberen Abschnitt des Profils rasch zu, wobei in den Schichten AS 4a bis AS 4e in der vertikalen Abfolge wieder geringer verwitterte Lösslehme anzutreffen sind. Danach steigt die Verwitterungsintensität wieder an, um dann im 5. fBt-Horizont (AS 2) den höchsten Wert zu erreichen. Der Terrassenkörper (AS 1) zeigt eine deutlich und Hämatit in wechselnden Mengen nachgewiesen werden.

3.3.2. Ergebnisse der Tonmineralanalyse

Die Tonmineralverteilung des Profils weist eine starke Dynamik bezüglich der Umbildungen auf, insbesondere gesteuert durch das Tonmineral Vermikulit. Der klassische Vermikulit, der nur auf 14 Å aufweitet, ist mit wenigen Ausnahmen im ganzen Profil in wechselnden Mengen vorhanden (Tab. 5). Besonders häufig tritt er in den gering bis mäßig verwitterten Horizonten auf. Die jüngeren Profilbereiche bis zum Horizont AS 6 sind von Vermikulit 14 Å dominiert. Im 1. fBt-Horizont (AS 10) tritt er geringfügig zugunsten der 18Å-Variante zurück. Im 4. fBt-Sd-Horizont (AS 5) und darunter fehlt er aufgrund der stärkeren Verwitterung (Abb. 11).

Im Vergleich zu den oberen homogen ausgebildeten Profilbereichen, kann die Verteilung in den basalen Abschnitten als inhomogen bezeichnet werden.

Fortschreitende Verwitterung führt zur Bildung der stärker aufweitbaren Vermikulitvariante (Vermikulit 18 Å). Dieses Mineral kommt bei intensiv verwitterten Horizonten zusätzlich zum Vermikulit 14 Å vor oder ersetzt im Falle steigender Verwitterungsintensität den Vermikulit 14 Å ganz. Im Profil Wels/Aschet ist er im 1. fBt-Horizont (AS 10) und darunter im 4. fBt-Sd-Horizont (AS 5) am stärksten vertreten (Tab. 5).

In einzelnen Horizonten erscheint auch Smektit, jedoch mit relativ geringen Mengenanteilen. Er ist sowohl in Bodenhorizonten als auch in den Lössablagerungen nachzuweisen. Sein Auftreten in weniger verwitterten Lössschichten gibt Grund zur Annahme, dass Smektit nicht im Profil neu gebildet wurde, sondern von vorverwittertem Ausgangsmaterial stammt. Spuren von Smektit sind sogar in der Tonfraktion der Älteren Deckenschotter nachzuweisen.

Illit als Ausgangsprodukt für stärker verwitterte Tonminerale erscheint insgesamt in stark variierenden Mengen. Meist lassen sich nur geringe Anteile nachweisen, jedoch

Horizont	Smektit	Vermikulit 18Å	Vermikulit 14Å	Illit	Kaolinit	Chlorit primär	Chlorit sekundär	ML Chlorit/Illit	Verwitterungsstufe
AS 16	*	*	**	*	*	*		*	1
AS 13	•	•	**	*	*	•		*	2
AS 10	*	**	*	*	*			*	3
AS 9	•		**	*	*	•		*	2
AS 8a		•	**?	**	*			*	2
AS 8		•	**	*	*			*	2
AS 7a		*	**	*	*			*	3
AS 7b		*	**	*	*			*	3
AS 7c	•	*	**	*	*			*	3
AS 6	•	*	**	*	*			*	3
AS 5		**		*				•	4
AS 4a	*	**	•	*	*			•	4
AS 4b	*	**		*	*			•	4
AS 4c	*	**	•	*	*			•	4
AS 4d		•	**	**	*				3
AS 4e		*	**	**	•			*	3
AS 3		*	**	•	*				3
AS 2a		•		***	*			•	3
AS 2	?				*			**ʻ	5
AS 2-1		**	**	*	•			•	3
AS 2-2	•	***	•	•	*				4
AS 1	•	*	**	*	*	?	?	*	2

Tabelle 5: Tonmineralverteilung in der 2μm-Fraktion unter Angabe der Verwitterungsintensität.

Legende: ML = Mixed Layer; *** Mineral in großen Mengen vorhanden, ** Mineral in mittleren Mengen vorhanden, * Mineral in geringen Mengen vorhanden, • Mineral in Spuren vorhanden. Die Horizonte der Interglazialböden sind in der ersten Spalte grau hinterlegt.

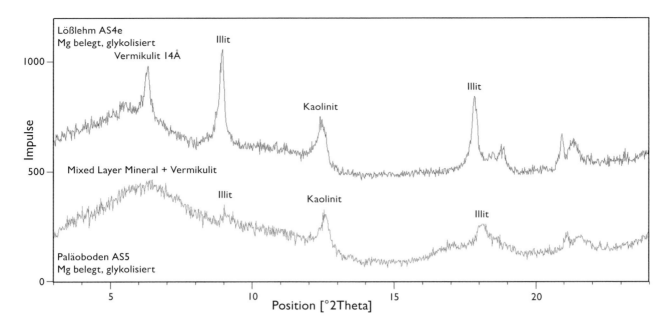

Abbildung 11: Röntgendiffraktogramm der Tonfraktionen vom Lösslehm AS 4e und dem daraus gebildeten Paläoboden AS 5. Deutlich ist die Abnahme von Illit und Vermikulit 14Å in der Tonfraktion des Lösslehms bei gleichzeitiger Zunahme des Mixed Layer Minerals im Paläoboden zu sehen.

kann in weniger verwitterten Horizonten sein Anteil höher sein (AS 4d und AS 4e). So zeigt beispielsweise Horizont AS 2a einen signifikanten Anteil und ist damit im Vergleich zu dem darüber folgenden Paläoboden AS 2 als weniger verwittert klassifiziert (Abb. 11).

Kaolinit lässt sich in allen Horizonten nachweisen, sein Anteil ist gering und keinen erkennbaren Trends in der Verteilung unterworfen. Kaolinit tritt sowohl in der mit DMSO aufweitbaren (s. Kap. 2.4) und somit gut kristallisierten Form, als auch in einer schlecht kristallisierten Form (fire clay) auf.

Primärer Chlorit kommt nur vereinzelt in geringen Mengen vor. Deutlich ist er im oberen, jüngsten Löss (AS 16) vorhanden, während er in den älteren Horizonten fehlt. In den meisten Horizonten treten zwei differenzierbare Mixed layer Minerale auf, die aus den Bestandteilen Chlorit und Vermikulit, bzw. Illit zusammengesetzt sind. Mixed layer Minerale kommen zumeist in Horizonten mit hohen Anteilen an 14Å-Vermikulit vor. In der Tonfraktion des Paläobodens AS 2 lässt sich zu den beiden beschriebenen mixed layer Mineralen noch eine weitere Variante nachweisen, die eine deutlich schlechtere Kristallinität besitzt (Tab. 5, Abb. 11). An einer genaueren Identifizierung wird noch gearbeitet.

Die Ergebnisse der Tonmineralanalysen wurden ebenfalls nach Ihrer Verwitterungsintensität klassifiziert (Abb. 9). Dies erfolgte maßgeblich anhand des Auftretens der Vermikulit-Varietäten (Tab. 5).

Die schwächste Verwitterungsstufe 1, die durch das Auftreten von primärem Chlorit gekennzeichnet ist, tritt ausschließlich im obersten Horizont AS 16 auf (Abb. 9). Darunter, bis einschließlich des Horizont AS 8 reicht die Verwitterungsstufe 2. Dort tritt definitionsgemäß Ver-

mikulit 14 Å als dominantes Tonmineral auf. Innerhalb dieser 2. Verwitterungsklasse fällt jedoch der Eemboden (AS 10) aufgrund seines signifikant höheren Vermikulit 18 Å-Anteils heraus. Als Konsequenz wird er in die nächsthöhere Verwitterungsstufe 3 eingeordnet.

Der Großteil des darunter folgenden Pedokomplexes (AS 7a - AS 6) gehört ebenfalls in die Stufe 3 und erreicht damit eine dem Eemboden (AS 10) vergleichbare Intensität.

Der nächstältere Paläoboden, Horizont AS 5, entspricht der Verwitterungsstufe 4, bei der kaum noch Vermikulit 14Å anzutreffen ist, Vermikulit 18Å hingegen dominiert. Durch Lessivierungsprozesse wurden die Toncutane bis in die größeren Porenräume der unterlagernden Lösslehme eingespült, was sich in dem Auftreten der Verwitterungsstufe 4 bis zum Niveau des Horizontes AS 4c äußert. Die pedogene Überprägung der Lösslehme lässt erst wieder in den Horizonten AS 4d und 4e nach.

Die mit Abstand intensivste Verwitterung (Stufe 5) findet sich im AS 2 Horizont, in dem neben den Vermikuliten auch die Illite verwittert sind, bzw. fehlen (Tab. 5). Die Älteren Deckenschotter sind aufgrund der geringen pedogenen Überprägung eindeutig geringfügig verwittert und lassen sich mit der Verwitterungsstufe 2 korrelieren.

3.4. Ergebnisse der statistischen Analyse

Die Deckschichten des Profils Aschet sind in 16 Horizonte, teilweise mit mehreren Unterabschnitten unterteilt worden, sodass sich in Summe 26 Horizonte ergeben. Nicht von jedem Abschnitt oder Unterabschnitt, wohl aber von den meisten liegen alle Parameter vor. Von eini-

Horizonte	Binär subj	Binär Diskr. 1	Binär Diskr. 2	Binär Diskr. 3	Cluster Lösung A	Cluster Lösung B	Cluster Lösung C
AS 16	0	0	0	0	0	4	4
AS 13	0	0	0	0	0	3	5
AS 10	1	1	1	1	1	1	1
AS 9	0	0	0	0	0	2	2
AS 8a	0	0	0	0	0	2	2
AS 8	0	0	0	0	0	2	2
AS 7a	1	0	0	0	0	3	5
AS 7b	1	1	1	1	1	1	1
AS 7c	1	1	1	1	1	1	1
AS 6	0	0	0	0	0	3	5
AS 5	1	1	1	1	1	1	1
AS 4a	0	0	0	0	0	3	5
AS 4b	0	0	1	0	0	3	5
AS 4c	0	1	1	0	0	4	3
AS 4d	0	1	1	0	0	4	3
AS 4e	0	0	0	0	0	3	5
AS 3	0	0	0	0	0	3	4
AS 2a	0	0	0	0	0	4	5
AS 2	1	1	1	1	1	1	1
AS 2-1	0	0	0	0	0	3	5
AS 2-2	0	1	1	0	1	4	3
AS 1	0	0	0	0	0	5	0

Tabelle 6: Ergebnisse der Diskriminanz- und Clusteranalyse mit dem binär rekodierten Profil (1 … Boden, 0,2 - 5 … kein Boden). Die interglazialen Paläoböden sind in der Tabelle grau hinterlegt.

gen wenigen gibt es nur eine Abgrenzung und keine weiteren Analysen. Die klassische Sedimentanalyse für 22 der 26 Abschnitte bzw. Unterabschnitte liefert die spektrale Verteilung der Korngrößen als Ergebnis. Dabei ergeben sich 12 Korngrößenbereiche, welche vom Grobkies bis zum Feinton reichen, die in Form von Prozentanteilen vorliegen. Zudem wurden weitere Variable als Verhältniszahlen ausgewählter Korngrößen berechnet, bzw. aus mineralogischen Analysen zwei Verwitterungsindizes bestimmt, die ihrerseits wieder in zwei Klassifizierungen des Profils münden. Darüber hinaus ergeben die für den trockenen und feuchten Zustand durchgeführten Farbbestimmungen zwei weitere Variable, welche aber auch als Klassenvorgaben angesehen werden können. Die für die nachfolgenden Untersuchungen zur Verfügung stehenden Variablen sind nur teilweise voneinander unabhängig, weisen unterschiedliches Datenniveau auf und sind, die metrischen Daten betreffend, meist normalverteilt.

In einem ersten Schritt wurden 9 der 12 Korngrößenbereiche, die vom Grobsand bis zum Feinton reichen benutzt, um Klassen mit möglichst homogenen Korngrößen zu erzeugen.

Aus der Sicht der Datenanalyse zielt der Klassifizierungsvorgang auf eine Reduktion der Anzahl der einzelnen Horizonte auf eine überschaubare Anzahl von Klassen oder Gruppen. Das sind in dem vorliegenden Fall jene 22 Horizonte des Profils, von denen die Korngrößenverteilungen und daraus abgeleitete Größen vorliegen. Dabei gilt es, formal die Variabilität in den Parametern so aufzuteilen, dass innerhalb der Klassen möglichst geringe Unterschiede und zwischen den Klassen möglichst große Unterschiede bestehen. Für die Datenreduktion und Klassifikation bieten sich mehrere multivariate statistische Methoden an, die Faktorenanalyse, die Hauptkomponentenanalyse, die Clusteranalyse und die Diskriminanzanalyse (Backhaus, 1987; Wilks, 1995; Tinsley & Browns, 2000)

Mittels der Diskriminanzanalyse kann nun für jede vorgegebene Klassifizierung die Abgrenzung der Klassen mit den gemessenen Variablen untersucht werden. Es spielt dabei keine Rolle, ob die dafür verwendeten Variablen bereits im Rahmen eines anderen Verfahrens, z.B. bei der Clusteranalyse, die Klassenzugehörigkeit der Schichten verwendet worden sind (Huberty, 1994). Es kann also durchaus sein, dass die Zuordnungsregeln, welche der Klassifizierung zugrunde liegen, unabhängig von jenen Variablen sind, die im Rahmen der Diskriminanzanalyse zum Einsatz kommen. Beispielsweise ist die Zuordnungs-

Horizonte	7 Klassen subj.	Diskr. 1 Korngrößen	Diskr. 2 Korngrößen / abgeleitete Größen	Diskr. 3 Alle Variablen	Cluster Lösung A	Cluster Lösung B
AS 16	0	0	0	0	3	4
AS 13	0	0	0	0	2	2
AS 10	1	1	1	1	1	1
AS 9	0	2	2	2	6	3
AS 8a	2	2	2	2	6	3
AS 8	2	2	2	2	6	3
AS 7a	1	0	0	3	2	2
AS 7b	1	1	1	1	1	1
AS 7c	1	1	1	1	1	1
AS 6	0	0	0	0	2	2
AS 5	1	1	1	1	1	1
AS 4a	0	0	0	3	2	2
AS 4b	3	3	3	3	2	2
AS 4c	0	3	3	3	3	4
AS 4d	3	3	3	3	3	4
AS 4e	0	3	3	3	2	2
AS 3	4	4	4	4	5	5
AS 2a	4	4	4	4	5	5
AS 2	1	1	1	1	4	6
AS 2-1	5	5	5	5	2	2
AS 2-2	5	5	5	5	5	5
AS 1	6	6	6	-	7	7

Tabelle 7: Ergebnisse der Diskriminanz- und Clusteranalyse mit dem in sieben Klassen rekodierten Profil (1 … Boden, 0,2 - 7 … kein Boden). Die interglazialen Paläoböden sind in der Tabelle grau hinterlegt.

regel zu einer bestimmten Farbklasse nur abhängig von der Übereinstimmung mit einem Farbatlas. Weil dabei auch zwischen feuchten und trockenen Bedingungen unterschieden wird, ergeben sich damit zwei, von allen übrigen Merkmalen unabhängige Klassenzugehörigkeiten. Es lässt sich demnach untersuchen, ob die durch die Farbkodierung vorgegeben Klassen und damit deren Zuordnungsregeln, sich auch durch die Korngrößen unterscheiden lassen würden.

Die Clusteranalyse führt je nach Verfahren zu einer Vielzahl von Lösungen. Welche der Lösungen als die richtige angesehen wird, ist aber zum Teil wiederum an die Vorgaben geknüpft, die bereits bei der Aufnahme des Profils festgelegt wurden. Ein wesentlicher Aspekt ist, die in dem Profil als Paläoböden interpretierten Abschnitte dahingehend zu untersuchen, ob diese tatsächlich auch aus formalen Kriterien in einer Klasse zu liegen kommen.

Als erster Ansatz wird in einer extremen Einschränkung die Profilabfolge in ein binäres System kodiert (Tab. 6). Dabei werden alle Böden oder bodenähnlichen Bereiche mit 1, alle anderen Horizonte als 0 kodiert (Tab. 6; binär subj.). Die Diskriminanzanalyse untersucht diese Vorgabe

daraufhin, ob die gemessenen Variablen diese „minimalistische" Einteilung zulassen (HUBERTY, 1994). Als unabhängige Variable liegen neben den Korngrößen und den daraus abgeleiteten Verwitterungsindizes, die kodierten Farben der Horizonte vor. Wichtig ist es dabei anzumerken, dass es auch hierbei, abhängig von den in der Diskriminanzanalyse als Prädiktoren eingesetzten Variablen, mehrere Lösungen oder Endzustände gibt. Beispielsweise würden bei der alleinigen Verwendung der Korngrößen ohne Einbeziehung der abgeleiteten Variablen oder der Farben, zusätzlich zu den als Bodenhorizonte eingestuften Schichten, weitere als Böden klassifiziert werden (Tab. 6; binär Diskr. 1). Die Zuordnung stimmt in den meisten, jedoch nicht in allen Fällen mit der vorgegebenen Klassifikation der Feldaufnahme überein. Es ergibt sich nämlich eine Umgruppierung, durch die der Horizont 7a nicht mehr, hingegen die Horizonte 4c, 4d und 2-2 als Böden klassifiziert werden. In dieser Zuordnung genügt eine Beschränkung auf die Variablen Feinton, Mittelton, Grobton und Grobsand, um die Unterschiede zwischen den Böden und den Nichtböden zu erklären. Sie reichen, wie im Anschluss daran gezeigt wird, jedoch nicht aus um aus ihnen diese Klassifikation im Rahmen einer Clusteranalyse zu erzeugen. Die Erweiterung der Deskriptoren um die abgeleiteten Größen ergibt ein geringfügig anderes Bild (Tab. 6; binär Diskr. 2), in dem nun auch der Horizont 4b als Boden klassifiziert wird. Dabei wird der Unterschied zwischen den Böden und den Nichtböden durch die Variablen Mittelton, Grobton und der Verwitterungsgrad festgelegt. Erst die Hinzunahme der Farbklassen als zusätzliche Variable zeigt ein Bild (Tab. 6; binär Diskr. 3), welches die Geländeklassifizierung (Tab. 6; binär subj) zum Großteil bestätigt. Einzige Ausnahme bleibt aber der Horizont 7a, der auch unter Einbeziehung aller zur Verfügung stehender Variablen nicht als Boden klassifiziert wird. Es soll an dieser Stelle noch einmal darauf hingewiesen werden, dass in einer Diskriminanzanalyse nicht nur eine vorgegebene Klassifizierung untersucht wird und Klassenunterschiede, wie sich diese auf der Basis der Prädiktoren begründen lassen, aufgedeckt werden, sondern darüber hinaus auch auf der Basis der gefundenen Zuordnungsregeln die Klassenzugehörigkeit der untersuchten Elemente überprüft wird und gegebenenfalls falsch zugeordnete Elemente einer anderen Klasse zugeordnet werden.

In der Clusteranalyse wurden nur Grob- und Mittelton als Prädiktoren benutzt, um der Frage nachzugehen, ob das vorerst subjektiv binär rekodierte System auch als solches erzeugt werden kann. Dabei kamen verschiedene Clusterverfahren zur Anwendung, wobei es manchen Fällen tatsächlich gelungen ist, das subjektive Zuordnungsmuster auch im binären Fall weitgehend zu reproduzieren (Tab. 6; Cluster Lösung A). Ausnahmen sind hierbei der bei der Feldaufnahme als Boden klassifizierte Horizont 7a, der nicht in der Klasse der Böden zu liegen kommt und der Horizont 2-2, der als Boden klassifiziert wird. In anderen Lösungen lagen zwar die als Boden klassifizierten Horizonte ebenfalls alle in einer Klasse, doch waren dies keine binären Lösungen, sondern Mehrklassen-Systeme (Tab. 6; Cluster Lösung B und C). Der im Vergleich zu den anderen Schichten gemessene höhere Anteil an Grob- und Mittelton ist zwar, wie bei der Diskriminanzanalyse gezeigt wurde, eine hinreichende Bedingung, um in einem vorgegebenen binären System die Böden von den anderen Schichten abzugrenzen, doch ist dies keine hinreichende Bedingung, um aus diesen beiden Variablen mittels einer Clusteranalyse dieses System exakt zu reproduzieren. Eine zusätzliche Berücksichtigung des Verwitterungsgrades als Prädiktorvariable bei der Clusteranalyse führt zu keiner befriedigenden Überstimmung mit der Feldaufnahme. Das gelingt erst, wenn ein Großteil der Variabilität dieser beiden Größen zugelassen wird und eine weitergehende Differenzierung des Profils erfolgt. Bei all diesen Klassifizierungen kommt allerdings der ursprünglich als Boden bezeichnete Horizont 7a nicht mehr in derselben Klasse wie die anderen als Böden eingestuften Horizonte (Tab. 6; Cluster Lösung B und C). Die in der Tabelle 6 angegebenen Klassifikationen der Clusteranalyse (Lösungen B und C) stehen stellvertretend für die Vielzahl an Zuordnungen die sich unter Verwendung der Variablen Grob- und Mittelton und verschiedenen Clusteralgorithmen ergeben. In vielen der Lösungen liegen die

Horizonte 10, 7b, 7c und 5 in einer Klasse (der Böden), wohingegen der Horizont 7a, aber auch der Horizont 2 (selten), dafür jedoch der Horizont 2-2 häufig als Boden klassifiziert werden.

Das Profil lässt sich aber auch in ein 7 Klassen-System überführen (Tab. 7, subj.). Dabei bleibt mehr Variabilität erhalten. Die 7 Klassen sind eine Zusammenfassung jener Horizonte, von denen gemessene Daten vorliegen (Abb. 2, Tab. 3). Beispielsweise wurden alle als Böden klassifizierten Horizonte mit 1 bezeichnet, die Lösslehmschichten als 0 oder die Umlagerungszonen als 4 gesetzt, um nur einige von ihnen zu nennen. Auch diese Zusammenfassung ist nicht frei von Subjektivität.

Zur besseren Vergleichbarkeit wurden auch hier in diesem 7 Klassen umfassenden System die als Böden bezeichneten Horizonte mit 1 kodiert. Aus weiteren Untersuchungen dieses 7 Klassen-Systems mit der Diskriminanzanalyse ergeben sich aber, wie vorher im binär kodierten System, mehrere Lösungen was die Klassenzugehörigkeit der Horizonte (Tab. 7, Diskr. 1-3) anbelangt. Unterscheidungsmerkmale der einzelnen Klassen hingegen sind unabhängig davon, ob nur die Korngrößen, oder auch abgeleitete Größen bei der Analyse berücksichtigt wurden. Das sind die Anteile an Grob- und Mittelsand bzw. Grob- und Mittelton. Es überrascht aber dennoch, die beinahe eindeutige Zuordnung der Lage der Bodenhorizonte (Tab. 7, Diskr. 1-3), obwohl nur wenige Umgruppierungen durchgeführt wurden.

Benutzt man nun die Gruppe der signifikant diskriminierend wirksamen Variablen als Klassifikationsvariablen in einer Clusteranalyse, dann erhält man, je nach Algorithmus, etwas von einander abweichende Zuordnungen, welche auch die durch die Feldaufnahme des Profils vorgegebene Lage der Bodenhorizonte nur zum Teil wiedergibt. Sehr stabil liegen die Horizonte 10, 7b, 7c und 5 in einer Klasse, 7a und auch 2 werden offensichtlich auf der Basis der benutzten Variablen nicht als Böden identifiziert. Die Verwendung aller Variablen führt zu Zuordnungen der Horizonte, welche einen geringen Grad an Übereinstimmung mit der Feldaufnahme besitzt.

Die nächste Frage die es zu beantworten gilt lautet: Welche Anzahl von Klassen von Horizonten führt zu einer exakten Zusammenfassung aller bei der Feldaufnahme als Böden bezeichneten Schichten? Die Antwort lautet: Es gibt keine einzige Lösung bei der alle in der Feldaufnahme als Böden bezeichneten Schichten tatsächlich in einer Klasse zu liegen kommen. Demgemäß unterscheiden sich wohl als Böden bezeichnete Horizonte auch sedimentologisch. Nur unter der Voraussetzung, dass man die Klassifikation der Feldaufnahme voraussetzt, lassen sich Variable in der Diskriminanzanalyse identifizieren, mit deren Hilfe diese Klassifikation zum Teil wieder erzeugbar ist. Zukünftig wäre es wichtig, dass die Geländeaufnahmen mit einer äquidistanten Probennahme kombiniert werden.

Meist gibt es unabhängig von der Geländeklassifizierung eines Profils weitere Merkmale, wie die Farben oder aus den Korngrößen abgeleitete Parameter, welche sich ebenfalls als vorgegebene Klassenmerkmale eignen. Die

Horizonte	Farbe trocken	Farbklassen trocken	Diskr. trocken	Farbe feucht	Farbklassen feucht	Diskr. feucht
AS 16	1.5Y7/5	1	1	2.5Y5/6	1	1
AS 13	2.5Y7/4	3	3	2.5Y5/6	1	3
AS 10	2.5Y6.5/5	2	2	10YR5/5	2	2
AS 9	2.5Y8/4	7	7	2.5Y6/6	3	3
AS 8a	2.5Y7/4	3	3	2.5Y5.5/6	4	4
AS 8	2.5Y7.5/4	4	4	2.5Y5/6	1	3
AS 7a	2.5Y7/5	5	5	6.25Y5/6	5	5
AS 7b	10YR6.5/6	11	11	10YR5/6	6	2
AS 7c	6.25Y7/6	8	8	10YR5/6	6	2
AS 6	2.5Y7/4	3	3	10YR5/6	6	6
AS 5	6.25Y7/6	8	8	10YR4/6	7	5
AS 4a	1.5Y7/5	1	1	10YR5/6	6	6
AS 4b	2.5Y7/6	6	6	10YR5/6	6	6
AS 4c	2.5Y7/6	6	6	10YR5/6	6	6
AS 4d	2.5Y7/6	6	6	2.5Y5/6	1	6
AS 4e	2.5Y7/5	5	5	2.5Y5/6	1	1
AS 3	10YR7/6	12	12	10YR5/6	6	7
AS 2a	10YR6/6	10	10	7.5YR4/6	8	8
AS 2	7.5YR5.5/6	9	9	7.5YR4/6	8	8
AS 2-1	2.5Y7/5	5	5	10YR5/6	6	5
AS 2-2	10YR6/6	10	10	7.5YR4/6	8	8
AS 1 *	—	—	12	—	—	7

Tabelle 8: Die Farbklassifizierung nach der Munsell Soil Color Chart und deren Abhängigkeit von den Korngrößen. Die interglazialen Paläoböden sind in der Tabelle grau hinterlegt. (* vom Horizont 1 liegen keine Angaben bezüglich der Farbe vor).

Farbklassifizierung eines Profils liefert, von ihrer Grundlage aus betrachtet, eine von allen anderen gemessenen Variablen unabhängige Klassifizierung. Üblicherweise gibt es von einem Profil zwei davon, für den trockenen und feuchten Zustand der Horizonte. Diese Farbklassen lassen sich nun als Startwerte, als Beispiel zweier möglicher Gliederungen des Profils in einer Diskriminanzanalyse benutzen (Tab. 8). Diese Klassifizierung hat den Vorteil, völlig unabhängig zu sein von allen anderen, auf gemessenen Variablen basierenden, die von diesem Profil vorliegen. Sie sind nicht unabhängig von der subjektiven Feldaufnahme, weil die Farbe eine wichtige Rolle bei der Abgrenzung bei der Feldaufnahme spielt. In einer Diskriminanzanalyse werden diese beiden Klassifizierungen daraufhin untersucht, ob die vorliegenden Klassengrenzen auch durch Korngrößen erklärbar sind.

Tatsächlich lassen sich die Farbunterschiede durch die Anteile an Grobsand, Grobschluff, Grob- und Mittelton vollständig, das heißt ohne Umgruppierungen, erklären. Zudem wurde aufgrund der aus den Korngrößen abgeleiteten Zuordnungsregel der Horizont 1, für den keine Angabe bezüglich dessen Farbe vorliegt, der Farbklasse 12, d.i. 10YR7/6, zugeordnet. Die Klassifizierung der feuchten Proben hat keinen eindeutigen, wie dies im

trockenen Zustand zutrifft, aber zumindest einen guten Zusammenhang zwischen Farbklasse und Korngrößen ergeben. Das bedeutet, es werden einige Horizonte auf der Basis der Korngrößen einer anderen Farbklasse zugeordnet, als es der Feldaufnahme entspricht. Das lässt entweder den vorsichtigen Schluss zu, dass die Farbklassifikation im feuchten Fall weniger deutlich von den Korngrößen abhängt, oder aber die Farbklassen durch den Faktor Feuchtigkeit weniger eindeutig bestimmt werden können. Die Unterschiede der feuchten Farbklassen werden durch das Kd-Verhältnis (s. Kap. 3.2), den Verwitterungsgrad und den Grob- und Feinsandanteil dominiert. Eine vollständige Wiedergabe der vorgegebenen auf den Farben beruhenden Klassifizierungen aus den genannten Variablen im Rahmen einer Clusteranalyse ist jedoch mit keinem der eingesetzten Clusterverfahren gelungen. Auf weitere Details wird aber an dieser Stelle verzichtet.

Weitere von den Korngrößen unabhängige Klassifizierungen wurden auf der Basis von Gesamt- und Tonmineralanalysen durchgeführt. Für beide Analysearten wurden zwei fünfstufige Verwitterungsskalen ermittelt, nach denen das Profil in Klassen unterteilt ist (s. Kap. 3.3). Hierbei kann direkter als bei den Farben eine Korrelation mit den Korngrößen vermutet werden, weil die Korngrö-

Tabelle 9: Die Klassifizierung des Profils nach dem Verwitterungs-grad und deren Abhängigkeit von den Verwitterungsstufen. In situ-Paläoböden sind grau hinterlegt. Die interglazialen Paläoböden sind in der Tabelle grau hinterlegt.

Horizonte	Verwitterungs-stufen A	Diskr. A	Verwitterungs-stufen B	Diskr. B
AS 16	1	1	1	1
AS 13	2	2	2	2
AS 10	3	3	3	3
AS 9	2	2	2	2
AS 8a	2	2	2	2
AS 8	2	2	2	2
AS 7a	4	4	3	4
AS 7b	3	3	3	3
AS 7c	3	3	3	3
AS 6	3	3	3	3
AS 5	4	4	4	4
AS 4a	4	4	4	4
AS 4b	4	4	4	4
AS 4c	4	4	4	4
AS 4d	3	3	3	3
AS 4e	3	3	3	3
AS 3	3	3	3	3
AS 2a	3	3	3	3
AS 2	5	5	5	5
AS 2-1	3	3	3	3
AS 2-2	4	4	4	4
AS 1	2	2	2	2

ßen der Horizonte nach der Ablagerung pedogenetisch modifiziert wurden.

Die sich aus den beiden Verwitterungsskalen der Gesamt- und Tonmineralogie ergebenden Klassifizierungen bilden wieder die vorgegebenen Klassen, deren Zuordnungsre-geln jedoch mit den Korngrößen ermittelt wird. In beiden Fällen können eindeutige Lösungen für diese Zuordnung gefunden werden. Bemerkenswert ist, dass trotz der geringen Zahl an Klassen (jeweils 5), 8 Prädiktoren für die Erklärung dieser Unterschiede notwendig sind. Das zeigt wiederum, wie bedeutsam diese abgeleiteten Variablen eigentlich sind. Beide Klassifizierungen lassen sich durch dieselben Variablen (Mittelkies, Grobsand, Feinsand, Grob- Mittel- und Feinschluff, Grobton und Schluff-Ton-Verhältnis) erklären. Dabei kam es nur im Falle der auf den Tonmineralen basierenden Klassifizie-rung zu einer einzigen Umgruppierung. Anders als bei den Farbklassen, war es aber auch in einer Clusteranalyse möglich, die Verwitterungsklassen zum Großteil aus den Korngrößen zu reproduzieren (Tab. 9; Verwitterungs-klasse B, Diskr. B)

Als besonders interessant hat sich die Analyse der Farb-, bzw. Verwitterungsklassen im Zusammenhang mit den Korngrößen erwiesen. Ein Großteil dieser Klassifizie-rungen hängt wieder von den Korngrößen ab. Das ist im Falle der Verwitterungsklassen leicht einzusehen, hängen diese doch sehr eng an der Korngrößenvertei-lung. Bei den Farbklassen ist dieser Zusammenhang mit den Korngrößen nicht so ohne weiteres einsichtig. Trotz aller Übereinstimmung darf natürlich nicht vergessen werden, dass die angewendeten Verfahren zwar objektive Klassifikationen erzeugen können, aber die Ergebnisse auch von der Methode selbst abhängen. Bereits die Da-tengrundlagen der hier durchgeführten Berechnungen sind durch die Geländeaufnahme beeinflusst, weil die Probennahme nicht äquidistant, sondern horizontbe-zogen erfolgte.

4. Diskussion

Bei der hier vorgestellten, überwiegend mittelpleistozänen Abfolge ergibt sich eine sehr differenzierte Gliederung der Deckschichten sowie ein komplexer d.h. polygenetischer Aufbau der Paläoböden (vgl. Abb. 1 und 2). Grund-sätzlich lässt sich das Profil in zwei sedimentologische Haupteinheiten unterteilen, zum einen in eine Lösslehm-abfolge, zum anderen in eine von den Terrassenkiesen geprägte Einheit.

Die zum Teil auftretende mehrfache pedogenetische Überprägung der Bodenhorizonte kann zumeist schon makromorphologisch erkannt werden. Zudem lassen in den einzelnen Bodenhorizonten nach unten hin die pedogenetischen Merkmale, wie Färbung, Tonilluvation und Hydromorphie sukzessive nach oder es sind Kieslagen als Zeichen von Diskordanzen an den Horizontgrenzen vorhanden. In der gesamten Profilabfolge nimmt die Verwitterungsintensität tendenziell von oben nach unten zu, so sind auch die älteren Lösslehme wesentlich stärker verwittert als die jüngeren Ablagerungen. Hier spielt der Faktor Zeit in Verbindung mit einer fortschreitenden, tiefgründigen Verwitterung eine wesentliche Rolle. Die Bodenhorizonte lassen sich durch ihre Färbung, pedogenetischen Merkmale, wie Toncutane, Sedimentologie und Mineralogie eindeutig von den Lösslehmen unterscheiden. Es handelt sich im Allgemeinen um Böden interglazialer Ausbildung, nur in dem würmzeitlichen jüngeren Profilabschnitt konnten sich auch interstadiale Böden erhalten, was in den älteren Schichten durch intensive Erosion während der Stadiale und mehrfache Verwitterungsprozesse nicht möglich war.

Zusammengefasst sind nach den Geländebefunden fünf interglaziale Paläoböden bzw. Pedokomplexe entwickelt, wobei der basale Paläoboden mit Abstand die stärkste Verwitterung zeigt (Abb. 3). Die Interglaziale sind von einer geringmächtigen, für den Untersuchungsraum charakteristischen würmzeitlichen Abfolge überlagert (Abb. 4, oben). Für die Einschätzung der Verwitterungsintensität wurden im Rahmen dieser Studie erstmals Verwitterungsstufen auf der Basis der gesamt- und tonmineralogischen Ergebnisse entwickelt und angewendet. Dabei hat sich herausgestellt, dass die tonmineralogischen Bewertungen die Paläobodenhorizonte detaillierter differenzieren. Wichtig ist insbesondere, dass die Relationen des Gesamtmineral- zu dem Tonmineralbestand beachtet werden.

Generell können die Paläoböden mineralogisch in eindeutiger Art und Weise von den Lösshorizonten abgetrennt werden. Kalzit, Dolomit, Chlorit und weitestgehend auch Hornblenden fehlen in den Interglazialböden, während sie in den würmzeitlichen Interstadialböden und Lössen noch vorhanden sind. In der gesamten Profilfolge treten Plagioklase verstärkt in den weniger verwitterten Horizonten auf.

Alle interglazialen Paläoböden gehören mindestens zur Verwitterungsstufe 3 (Abb. 9) und sind tonmineralogisch durch das deutliche Auftreten von Vermikulit 18 Å charakterisiert, wie zum Beispiel im 1. fBt-Horizont (AS 10). Ähnliches lässt sich für den 2. und 3. Paläoboden (AS 7a - c) feststellen. Im 4. interglazialen Paläoboden ist Vermikulit 14 Å vollkommen in Vermikulit 18Å umgewandelt, der damit einer höheren Verwitterungsstufe angehört. Der älteste Paläoboden, der 5. fBt-Horizont (AS 2), zeigt bereits einen vollständigen Abbau bzw. Umwandlung der Vermikulite sowie der Illite in mixed layer Minerale. Die Paläoböden der Verwitterungsstufe 3 zeigen generell einen Verwitterungsgrad, der über dem von rezenten Böden im Untersuchungsgebiet liegt. Diese enthalten zumindest noch Spuren von Chlorit (TERHORST et al., 2003a). Während sich die oberen drei Paläoböden in ihrer tonmineralogischen Zusammensetzung ähneln, nimmt der Verwitterungsgrad im 4. Paläoboden etwas zu und ändert sich signifikant im untersten Paläoboden,

der mit Abstand am stärksten verwittert ist (Abb. 9). Als weiterer neuer methodischer Ansatz wurden im Rahmen von ausführlichen statistischen Bewertungen Geländeergebnisse mit den übrigen Analysen zur Klassenbildung und damit zur Verifizierung der Profilaufnahmen benutzt. Interessanterweise sind die Übereinstimmungen zwischen vorgegebenen Klassenmustern des Profils und denjenigen, meist aus den Korngrößen erzeugten Klassenzuordnungen in den meisten Fällen gelungen. Es konnte gezeigt werden, dass die Klassifizierung der Geländeaufnahme aus den Korngrößen und davon abgeleiteten Größen zum Großteil reproduziert werden konnte. Als besonders interessant hat sich zudem die Analyse der Farb- bzw. Verwitterungsklassen im Zusammenhang mit den Korngrößen erwiesen. Ein Großteil dieser Klassifizierungen hängt auch hier von den Korngrößen ab. Es kann jedoch bei den statistischen Berechnungen nicht von einer unabhängigen, ausschließlich auf Messungen beruhenden Klassifikation ausgegangen werden. Deutlich kommt dies bei den Analysen zum Ausdruck, wo durch die Diskriminanzanalyse die Zuordnungsregeln zu den vorgegebenen Klassen aufgedeckt werden konnten, jedoch die Erzeugung der Klassifizierung aus denselben Variablen entweder überhaupt nicht oder nur zum Teil die vorgegebenen Zuordnungen der Horizonte wiedergeben konnte. Im Idealfall sollte die Feldaufnahme eine Klassifikation der Horizonte vorgeben, die dann auch durch die Laborbefunde tatsächlich wiedergegeben werden können. Das ist aber sicher nicht der Fall. Die Geländebefunde in Kombination mit horizontbezogener Probennahme sollten bei weiteren Untersuchungen durch äquidistante Probennahme kontrolliert werden.

Der älteste Paläoboden entspricht dem 5.fBt-Horizont (AS 2) und zeigt mit Abstand den höchsten Verwitterungsgrad, dies spiegelt sich in der Intensität und Färbung der Toncutane und in dem hohen Tongehalt von 60% wider. Auch die mineralogischen Verwitterungsstufen (Abb. 9) reagieren eindeutig. Es sind nur noch schwer verwitterbare Minerale, wie etwa Quarz vorhanden. In der Tonfraktion dominieren mixed layer Minerale, während nur in diesem Paläoboden Vermikulite und Illite komplett verwittert sind. Er wird anhand der Verwitterungsstufen mit dem intensivsten Verwitterungsgrad bewertet und fällt in der diskriminanzanalytischen Bewertung in vielen Fällen als eigenständige Bildung auf, die sich von den übrigen Paläoböden signifikant unterscheidet.

Dieser Paläoboden konnte bisher nur auf Älteren Deckenschotter nachgewiesen werden, und zwar ausschließlich als unterster Bodenhorizont, so beispielsweise in Neuhofen (TERHORST et al., 2003a).

Der darüber liegende Paläoboden, der 4.fBt-Sd-Horizont (AS 5), lässt sich gut von den unter- und überlagernden Schichten unterscheiden. Ein hoher Tongehalt und parallel dazu ein niedriger Schluffgehalt zeichnen die Bodenbildungsprozesse nach (Abb. 11). Insbesondere die tonmineralogischen Ergebnisse lassen eine Einstufung in die zweithöchste Verwitterungsstufe 4 (Abb. 9) zu. Die statistische Bewertung belegt und unterstützt eindeutig die paläopedologische Einstufung und Differenzierung

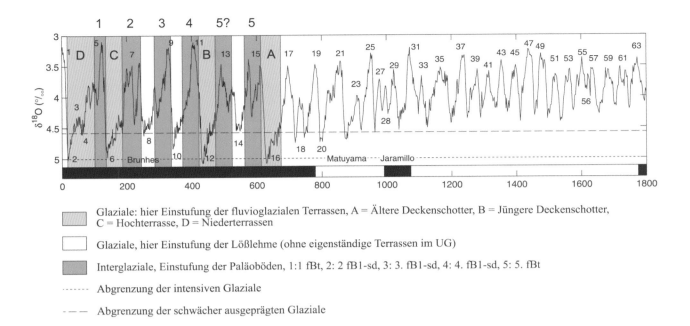

Glaziale: hier Einstufung der fluvioglazialen Terrassen, A = Ältere Deckenschotter, B = Jüngere Deckenschotter, C = Hochterrasse, D = Niederterrassen

Glaziale, hier Einstufung der Lößlehme (ohne eigenständige Terrassen im UG)

Interglaziale, Einstufung der Paläoböden, 1:1 fBt, 2: 2 fB1-sd, 3: 3. fB1-sd, 4: 4. fB1-sd, 5: 5. fBt

------ Abgrenzung der intensiven Glaziale

— — — Abgrenzung der schwächer ausgeprägten Glaziale

Abbildung 12: Einstufung und Korrelation von Paläoböden und fluvioglazialen Terrassen im Mittelpleistozän mit der marinen Sauerstoffisotopenkurve nach Lisiecki & Raymo (2005, verändert; vgl. Terhorst, 2007).

innerhalb des Profils. Zum Teil wird der 4. Paläoboden mit dem älteren, vorher beschriebenen Paläoboden in eine Klasse eingeordnet, so dass sich hier ebenfalls ein hoher Verwitterungsgrad abzeichnet.

Während die liegenden Lösslehmschichten (AS 4a - 4e) des Paläobodens AS 5 sedimentologisch durch einen höheren Schluffgehalt geprägt sind, äußert sich das vereinzelte Auftreten von Toncutanen in der tonmineralogischen Tabelle (Tab. 5) als hohe Verwitterungsstufe, die jedoch im vertikalen Profilverlauf deutlich abnimmt.

Der nach oben folgende Lösslehm AS 6 ist hingegen wesentlich schluffiger und der Tongehalt nimmt um 17% sprunghaft ab. Nachgezeichnet wird dieses Ergebnis durch die Veränderungen der Tonminerale, die in der Verwitterungsstufe von 4 in AS 5 auf 3 wechseln.

Der Pedokomplex zwischen AS 7c und 8a umfasst den 2. und 3. fossilen Boden und ist außerordentlich kompliziert aufgebaut. Dies ist durch Erosions- und polygenetische Bodenbildungsprozesse bedingt. Eindeutig interpretierbar sind die Tongehaltsdifferenzen im 2. und 3. fossilen Boden. Der Schluffgehalt nimmt in den Horizonten AS 7b und 7c unvermittelt um mehr als 10% zu. AS 7a hingegen besitzt einen signifikanten Tongehalt von 43%, der durch intensive Lessivierungsprozesse hervorgerufen wurde. Mineralogisch gesehen ist die Verwitterungsintensität der Gesamtmineralogie (Abb. 9) der einzelnen Horizonte ähnlich. Deutlich weniger verwittert durch jüngere Beimengungen erscheinen die Horizonte AS 8 und 8a, diese lassen sich mithilfe der Verwitterungsstufen der Tonmineralogie deutlich abgrenzen. Der gesamte Pedokomplex besitzt jedoch durch das Auftreten von Vermikulit 18Å interglaziale Intensität und wird durch die statistischen Klassifizierungen ebenfalls als intensive

Bodenbildung ausgewiesen, allerdings gestaltet sich hier die Differenzierung der Horizonte untereinander als schwierig und als statistisch nicht lösbar. Für das Untersuchungsgebiet ist jedoch das Zusammenlaufen des 2. und 3. interglazialen Paläobodens charakteristisch. Dies wird für die Deckschichten von Wels-Aschet bereits von Kohl (2000) beschrieben und tritt auch in vergleichbarer Weise im Profil Oberlaab auf den Jüngeren Deckenschottern im Untersuchungsgebiet auf (Terhorst, 2007). Dieses Phänomen kann eine Folge von intensiven Erosionsprozessen vor der Bildung des oberen, 2. fBt-Horizontes liegen oder auch in geringen Sedimentationsraten vor dessen Bildung.

Der folgende Lösslehm AS 9 unterscheidet sich durch einen hohen Schluff-, respektive niedrigen Tongehalt von den darunter befindlichen Paläoböden. Tonmineralogisch wird die geringere Verwitterung des Lösslehms durch das Auftreten von primärem Chlorit unterstrichen.

Der oberste interglaziale Paläoboden (AS 10) kann aufgrund seines Erscheinungsbildes mit dem Eemboden korreliert werden (vgl. auch Scholger & Terhorst, dieser Band). Er ist unterhalb der würmzeitlichen Abfolge positioniert und tritt zudem in anderen Profilen in Oberösterreich in vergleichbarer Position und Ausprägung auf. So ist er wesentlich weniger dicht gelagert als die älteren Paläoböden, nur geringfügig pseudovergleyt und lässt sich damit gut von den älteren Bildungen unterscheiden. Der Interglazialboden besitzt einen höheren Tongehalt als die ihn umgebenden Schichten und die tonmineralogische Verwitterungsstufe ist höher als die seines Ausgangsmaterials. Wie auch im Falle des 2. und 3. Paläobodens, ergeben sich jedoch auch keine gesamtmineralogischen Unterschiede, so dass die Ergebnisse der

Tonmineral- sowie der Korngrößenanalyse eindeutigere und differenziertere Aussagen zu lassen. Die statistische Zuordnung als deutliche Bodenbildung ist auch in diesem Falle gegeben.

Der darüber folgende würmzeitliche Profilabschnitt zeigt eine signifikante Abweichung von den interglazialen Paläoböden. Interstadiale Bildungen sowie Lösssedimente gehören den niedrigsten Verwitterungsstufen an und sind durch hohe Schluffgehalte und wenig intensive pedogenetische Merkmale geprägt. Dies zeigt sich ebenso deutlich in den statistischen Analysen, wo diese Horizonte ohne Abweichungen als „Nichtböden" eingestuft werden.

Insgesamt betrachtet, wurden im Gegensatz zu älteren Bearbeitungen (FINK et al., 1978; KOHL, 2000; STREMME et al., 1991) insgesamt fünf Paläoböden interglazialer Pedogenese zugeordnet, wobei die Verwitterung in den älteren Deckenschottern, aufgrund der hohen Verwitterungsintensität, auch zwei Warmzeiten repräsentieren kann respektive mit einer besonders intensiven Warmzeit korreliert. Dies kann für das MIS 15 zutreffend sein, welches zwei intensive Erwärmungsphasen aufweist (Abb. 12). Das bedeutet für die günzzeitliche fluvioglaziale Terrasse eine Mindesteinstufung in die 6.-, bzw. 7.-letzte Kaltzeit und legt eine Entstehung in die Brunhes-Epoche, vermutlich unmittelbar über der Brunhes/Matuyama-Grenze, nahe. Zu ähnlichen Ergebnissen führen die magnetostratigraphischen Untersuchungen (SCHOLGER & TERHORST, dieser Band). Dies passt darüber hinaus zu älteren paläomagnetischen Untersuchungen sowie eigenen Beprobungen, in der die paläomagnetische Umkehr in günzzeitlichen Ablagerungen nicht nachgewiesen werden konnte (vgl. auch Diskussion bei KOHL & KRENMAYR, 1997) und stimmt weiterhin mit den stratigraphischen Vorstellungen von VAN HUSEN (2000) und der stratigraphischen Tabelle von Österreich (PILLER et al., 2004) überein.

Die Löss/Paläoboden-Sequenzen in der näheren Umgebung des untersuchten Profils weisen eindeutige Parallelen zum untersuchten Profil auf. So sind die Deckschichten des Profils Neuhofen in ähnlicher stratigraphischer Position auf den Älteren Deckenschottern abgelagert worden. Auch dort lassen sich insgesamt fünf eindeutige interglaziale Paläoböden nachweisen (TERHORST, 2007). Vergleichbar ist zudem die auffällige Intensität und Ähnlichkeit des 5. Paläobodens von Neuhofen mit dem von Wels/Aschet, welcher ebenfalls in den Terrassenkiesen ausgebildet ist. Auch hier liegt die Vermutung nahe, dass die Verwitterung zwei Interglaziale oder aber ein besonders verwitterungsintensives Interglazial repräsentiert (TERHORST et al., 2003a; TERHORST, 2007).

Auf dem einzigen Deckschichtenprofil (Profil Oberlaab), welches im Untersuchungsraum auf Jüngeren Deckenschottern entwickelt ist, konnten bisher nur vier Interglazialböden nachgewiesen werden, was für eine Einstufung dieser Terrasse mindestens in das 5.-letzte Glazial spricht und damit die paläogeographischen und pedostratigraphischen Ergebnisse für die Älteren Deckenschotter unterstützt und somit in das Gesamtbild des Untersuchungsraum passt (vgl. VAN HUSEN, 2000).

Eine stratigraphische Einstufung des untersuchten Profils kann auch unter Berücksichtigung weiterer untersuchter Profile in NW-Österreich diskutiert werden. Die Schotteroberfläche der Älteren Deckenschotter scheint nach den vorliegenden Ergebnissen im Untersuchungsraum jünger als die Brunhes/Matuyama-Grenze zu sein und gehört mindestens ins MIS 16 (Abb. 12). Der darüber folgende Interglazialboden gehört entweder in das MIS 15, möglich wäre auch eine Einstufung in MIS 13, oder er repräsentiert zwei Interglaziale, MIS 15 und 13. Die beiden Warmzeiten sind nur durch ein wenig intensives Glazial voneinander getrennt. Die Jüngeren Deckenschotter in Oberlaab scheinen ein bis zwei Glazial-/Interglazialzyklen jünger zu sein als die Älteren Deckenschotter und lassen sich aufgrund der Anzahl von Paläoböden mindestens in MIS 12 einstufen. Über dem 5. Paläoboden der Älteren Deckenschotter und den Terrassenkiesen der Jüngeren Deckenschotter folgen in den Deckschichten in Aschet, Neuhofen und Oberlaab jeweils noch 4 Interglazialböden, die nach den vorangehenden Überlegungen ins MIS 11, 9, 7 und 5 einzuordnen wären. Über dem Paläoboden des MIS 5e liegen dann die würmzeitlichen, wenig verwitterten Deckschichten. Paläopedologisch bleibt jedoch die chronostratigraphische Zuordnung des basalen Paläobodens (5. fBt) ins MIS 13 oder 15 unklar. Die magnetostratigraphischen Resultate stufen den 5. fBt eindeutig ins MIS 15 ein. Die Untersuchungen legen nahe, dass die Löss-Sedimentation (AS 4 und AS 5) insgesamt zwei Glaziale, MIS 14 und MIS 12, umfasst und eine Erosionsdiskordanz, die demnach im AS 4 vorhanden sein muss, die Bodenbildung des MIS 13 beseitigt hat. Demnach sind die nachfolgen Paläoböden, wie auch pedostratigraphisch belegt, in die marinen Isotopenstadien MIS 11, 9, 7 und 5 einzuordnen. Die pedostratigraphische Zuordnung der Paläoböden und Sedimente stimmt weitgehend mit den Ergebnissen der paläomagnetischen Untersuchungen überein (SCHOLGER & TERHORST, dieser Band), während die OSL-Datierungen (PREUSSER & FIEBIG, dieser Band) abweichende Ergebnisse zeigen.

Insgesamt stellt sich heraus, dass die Deckschichtenabfolge des Profils Wels/Aschet bezogen auf den Interglazial/Glazial-Zyklus für das nördliche Alpenvorland vergleichsweise vollständig überliefert ist und sich in den räumlichen stratigraphischen Kontext sehr gut einstufen lässt.

5. Literatur

AD-HOC-ARBEITSGRUPPE BODEN, 2005. Bodenkundliche Kartieranleitung. — E. Schweizerbart'sche Verlagsbuchhandlung, Hannover.

BACKHAUS, K., ERICHSON, B., PLINKE, W., SCHUCHARD-FISCHER, C. & WEIBER, R., 1987. Multivariate Analysemethoden. — 404 S., 4. Aufl., SpringerVerlag.

BRINDLEY, G.W. & BROWN, G., 1980. Crystal Structures of Clay Minerals and their X-Ray Identification. — Mineralogical Society, 495 S., London.

Fink, J., Fischer, H., Klaus, W., Koci, A., Kohl, H., Kukla, J. , Lozek, V., Piffl, L. & Rabeder, G., 1978. Exkursion durch den österreichischen Teil des Nördlichen Alpenvorlandes und den Donauraum zwischen Krems und Wiener Pforte. — Mitt. Komm. Quartärforsch. Österr. Akad. Wiss., 1:31 S., Wien.

Frechen, M., 1999. Upper Pleistocene loess stratigraphy in Southern Germany. — Quaternary Geochronology, 18:243–269.

Habbe, K.A., 2003. Gliederung und Dauer des Pleistozäns im Alpenvorland, in Nordwesteuropa und im marinen Bereich – Bemerkungen zu einigen neueren Korrelierungsversuchen. — Z. dt. geol. Ges., 154:171–192, Stuttgart.

Handl, A, 2002. Multivariate Analyseverfahren. — 463 S., Springer-Verlag.

Huberty, C.J., 1994. Applied Discriminant Analysis. — 465 S., John Wiley & Sons INC.

Husen, D. van, 2000. Geological processes during the Quaternary. — Mitt. Österr. Geol. Ges., 92:135–156, Wien.

Kohl, H., 2000. Das Eiszeitalter in Oberösterreich. — 429 S., Linz (Oberösterreichischer Museal-Verein).

Kohl, H. & Krenmayr, H.G., 1997. Geologische Karte der Republik Österreich, 1:50.000, Erläuterungen zu Blatt 49, Wels. — 77 S., Wien.

Lisiecki, L.E. & Raymo, M.E., 2005. A Pliocene-Pleistocene stack of 57 globally distributed benthic $\delta^{18}O$ records. — Paleoceanography, 20:1–17.

Miara, S., 1995. Gliederung der rißzeitlichen Schotter und ihrer Deckschichten beiderseits der unteren Iller nördlich der Würmendmoränen. — Münchner geographische Abhandlungen, B, 22:185 S.

Moore, D.M. & Reynolds, R.C., Jr., 1997. X-Ray Diffraction and the Identification and Analysis of Clay Minerals. — Oxford Univ. Press, 378 S, New York.

Munsell, Color, 2000. Munsell Soil Color Charts. Baltimore.

Pécsi, M., & Richter, G., 1996. Löss Herkunft – Gliederung – Landschaften. — Zeitschrift für Geomorphologie, Neue Folge, Supplementband 98, Gebrüder Bornträger, 391 S., Berlin Stuttgart.

Penck A. & Brückner, E., 1909. Die Alpen im Eiszeitalter. — Bd. 1, 393 S., Tauchnitz, Leipzig.

Piller, W.E., Egger, H., Erhart, C.W., Gross, M., Harzhauser, M., Hubmann, B., van Husen, D., Krenmayr, H.-G., Krystyn, L., Lein, R., Lukeneder, A., Mandl, G.W., Rögel, F., Roetzel, R., Rupp, C., Schnabel, W., Schönlaub, H.P., Summesberger, H., Wagreich, M. & Wessely, G., 2004. Die stratigraphische Tabelle von Österreich 2004 (sedimentäre Schichtfolgen). — Komm. paläont. u. strat. Erforschung Österreichs der ÖAW und Österr. Strat. Komm., Wien.

Preusser, F. & Fiebig, M., dieser Band. Chronologische Einordnung des Lossprofils Wels auf der Basis von Lumineszenzdatierungen. — Mitt. Komm. Quartärforsch. Österr. Akad. Wiss., 19:63–70, Wien.

Scholger, R. & Terhorst, B., dieser Band. Paläomagnetische Untersuchungen der pleistozänen Löss-/Paläobodensequenz im Profil Wels/Aschet — Mitt. Komm. Quartärforsch. Österr Akad. Wiss., 19:47–61, Wien.

Semmel, A., 1968. Studien über den Verlauf jungpleistozäner Formung in Hessen. — Frankfurter geographische Hefte, 45:1–133.

Stremme, H., Zöller, L. & Krause, W., 1991. Bodenstratigraphie und Thermolumineszenz-Datierungen für das Mittel- und Jungpleistozän des Alpenvorlandes. — Sonderver. Geol. Inst. Univ. Köln, 82, Festschr. K. Brunnacker, 301–315.

Terhorst, B., 2007. Korrelation von mittelpleistozänen Löss-/Paläobodensequenzen in Oberösterreich mit einer marinen Sauerstoffisotopenkurve. — Quaternary Science Journal, 56:26–39.

Terhorst, B., Frechen, M. & Reitner, J., 2002. Chronostratigraphische Ergebnisse aus Lössprofilen der Inn- und Traun-Hochterrassen in Oberösterreich. — Z. Geomorph., Suppl.-Bd., 127:213–232.

Terhorst, B., Ottner, F., Poetsch, T., Kellner, A. & Rähle, W., 2003a. Pleistozäne Deckschichten auf der Traun-Enns-Platte bei Linz (Oberösterreich). — [in:] Terhorst, B.: Exkursionsführer zur 22. Tagung des Arbeitskreises Paläoböden in Oberösterreich. — Tübinger Geowissenschaftl. Arbeiten, Reihe D, 9:115–155.

Terhorst, B., Ottner, F., Poetsch, T., Herr, T., Kellner, A. & Rähle, W., 2003b. Jungpleistozäne Deckschichten auf der Hochterrasse bei Altheim (Innviertel/ Oberösterreich). — [in:] Terhorst, B.: Exkursionsführer zur 22. Tagung des Arbeitskreises Paläoböden in Oberösterreich. — Tübinger Geowissenschaftl. Arbeiten, Reihe D, 9:47–86.

Tinsley, H.E.A. & Brown, S.D. (eds.), 2000. Handbook of Applied Multivariate Statistics and Mathematical Modeling. — 721 S., Academic Press.

Van-Vliet-Lanoë, B., 2004. Properties and Processes of Cryosols. — [in:] Kimble, J.M. (ed.): Cryosols: Permafrost-affected Soils. 341–346, Springer-Verlag, Berlin - Heidelberg.

Mitt. Komm. Quartärforsch. Österr. Akad. Wiss., **19**:37–45, Wien 2011

Geochemische Charakterisierung der Verwitterungsintensität der Löss-Paläoboden-Sequenz von Wels/Aschet

by

Jürgen M. Reitner[1] & Franz Ottner[2]

Reitner, J.M. & Ottner, F., 2011. Geochemische Charakterisierung der Verwitterungsintensität der Löss – Paläoboden-Sequenz von Wels/Aschet. — Mitt. Komm. Quartärforsch. Österr. Akad. Wiss., **19**:37–45, Wien.

Zusammenfassung

Zur weiteren Charakterisierung der Verwitterung innerhalb des Löss-Paläoboden-Profils von Aschet bei Wels (Oberösterreich) wurden geochemische Analysen durchgeführt. Die in der Geländebeschreibung als Boden definierten Horizonte sind anhand des „chemical index of alteration" (CIA) klar als diejenigen Abschnitte mit der intensivsten Verwitterung ersichtlich. In Summe erbringt die geochemische Einstufung der Verwitterung ähnliche Resultate wie jene mittels der Mineralogie und Granulometrie (Terhorst et. al., dieser Band).

Summary

Geochemical analyses were used in order to characterise the weathering degree within the loess-palaeosol-sequence of Aschet near Wels (Upper Austria). Soil horizons can be clearly identified by the "chemical index of alteration" (CIA), as well as by the ratios of SiO_2/Al_2O_3, Na_2O/Al_2O_3 and Rb/Sr. The characterisation of weathering using these geochemical data shows similar results as a companion study based on mineralogical and grain size data (Terhorst et al., this volume).

[1] Mag. Dr. Jürgen M. Reitner, Geologische Bundesanstalt Neulinggasse 38, A-1030 Wien, e-mail: juergen.reitner@geologie.ac.at

[2] Prof. Mag. Dr. Franz Ottner, Institut für Angewandte Geologie, Department für Bautechnik und Naturgefahren, Universität für Bodenkultur Wien, Peter Jordan Straße 70, 1190 Wien, e-mail: franz.ottner@boku.ac.at

1. Einleitung

Geochemische Analysen von Löss-Sequenzen sind ein wichtiges Mittel um neben der Provenienz des Sediments (z.B. Buggle et al., 2008) den Grad der chemischen Verwitterung und damit paläoklimatische Bedingungen (z.B. Smykatz-Kloss, 2003) zu charakterisieren. Die chemische Verwitterung in den zentraleuropäischen Lössgebieten ist maßgeblich durch Lösung von Karbonat, Hydrolyse von Silikaten und Umwandlung in Tonminerale wie auch Oxidation gekennzeichnet. Ohne Wechselwirkung von Oberflächen- oder Porenwasser – mit Ausnahme der Oxidation – finden diese Prozesse nicht statt und damit erfolgt keine chemische Umsetzung. Sind in einem unverfestigten Sedimentprofil, das sonst chemisch und petrographisch homogen ist, Zonen mit chemischer Umsetzung erfassbar, so sind dies Zonen höherer Wasseraktivität (Smykatz-Kloss et al., 2004). Unter der Voraussetzung, dass diagenetische Mineralbildungen weitgehend ausgeschlossen werden können, sind die Zonen höherer Wasseraktivität Indikatoren für humide(re) Phasen nach der Sedimentation des Lösses (Smykatz-Kloss et al., 2004).

Darauf aufbauend wurde in dem maßgeblich durch Paläoboden-Horizonte geprägten Profil Aschet (s. Terhorst et al., dieser Band) der Versuch unternommen, die Elementverteilung im Profil hinsichtlich der Unterschiede in der Verwitterungsintensität darzulegen. Andererseits zielte die Untersuchung darauf ab, die geochemischen Daten und daraus abgeleitete Verwitterungsindizes mit den mineralogischen Daten (Terhorst et al., dieser Band) und den daraus abgeleiteten Verwitterungsindizes basierend auf der Gesamtmineralogie, Tonmineralogie und Korngrößenverteilung zu vergleichen, um so die im Gelände getroffene Einstufung von Bodenhorizonten zu verfeinern.

2. Methodik der chemischen Analyse und der Datenanalyse

Die von B. Terhorst genommenen Proben der einzelnen Horizonte (s. Abb. 1 in Terhorst et al., dieser Band), welche ident sind mit jenen der mineralogischen Untersuchungen (ebenda), wurden geochemisch analysiert. Die Bestimmung der Elementkonzentrationen der mittels Scheibenschwingmühle analysenfein aufbereiteten Proben erfolgte mit folgenden Analysenmethoden an der Geologischen Bundesanstalt (Fachabteilung Geochemie):

Die Bestimmung der Elemente Al, As, Ba, Ca, Cr, Fe, K, Mg, Mn, Na, Ni, P, Pb, Rb, Si, Sr, V, Y, Zn und Zr wurde mittels einer Röntgenfluoreszenzanlage X-LAB 2000 der Fa. SPECTRO durchgeführt. Für Gesamtkohlenstoff und Gesamtschwefel kam ein C/S-Analysator Leco CS-200 zum Einsatz. $H_2O^{110°C}$ bei 110°C und Glühverlust bei 1100°C wurden gravimetrisch bestimmt. Die Berechnung

Horizont Gewichts-%	1	2-2	2-1	2	2a	3	4e	4d	4c	4b	4a
SiO_2	23,0	55,0	60,0	51,0	63,5	74,0	60,0	59,0	63,0	62,5	62,0
TiO_2	0,27	0,62	0,80	0,58	0,79	0,83	1,00	1,06	0,90	0,88	0,86
Al_2O_3	5,5	20,0	18,0	21,0	17,5	12,0	18,0	18,0	17,0	16,0	17,5
Fe_2O_3	1,9	7,6	6,4	7,9	5,7	4,0	6,6	7,0	5,5	6,3	5,5
MnO	0,03	0,14	0,13	0,12	0,14	0,18	0,12	0,09	0,12	0,13	0,11
MgO	9,50	1,80	2,00	2,00	1,40	0,90	2,60	2,80	2,00	2,10	2,30
CaO	25,0	1,00	0,90	0,95	0,70	0,55	0,90	1,00	0,60	0,70	0,75
Na_2O	1,23	1,45	1,90	1,33	1,50	1,80	2,00	2,30	1,80	2,30	1,90
K_2O	0,68	1,50	1,95	1,17	1,22	1,10	2,70	2,70	2,60	2,60	2,60
H_2O 110° C	1,03	4,50	3,10	4,25	2,90	1,70	2,00	1,90	2,30	2,40	2,60
H_2O+	1,00	5,40	4,10	5,00	3,80	2,40	3,70	3,70	3,60	3,60	3,60
P_2O_5	0,07	0,26	0,23	0,29	0,23	0,14	0,26	0,27	0,17	0,18	0,15
CO_2	31,60	0,80	0,55	4,30	0,50	0,35	0,30	0,30	0,20	0,20	0,20
SO_3	0,06	0,02	0,03	0,02	0,02	0,02	0,02	0,02	0,02	0,03	0,03
Summe	99,83	100,09	100,09	99,91	99,90	99,96	100,18	100,14	99,81	99,92	100,10

ppm	1	2-2	2-1	2	2a	3	4e	4d	4c	4b	4a
Ba	124	347	359	252	253	230	506	511	398	404	407
Co	5	8	9	7	9	8	10	9	9	8	9
Cr	88	161	170	191	135	179	131	175	157	144	170
Cs	1	4	5	4	7	7	4	5	6	4	6
Cu	23	50	40	48	38	28	41	42	33	41	35
Ni	21	76	60	70	54	40	53	54	51	58	52
Pb	8	24	25	23	22	24	23	22	24	26	26
Rb	37	107	103	91	78	62	116	114	115	118	114
Sr	169	60	69	42	50	53	114	119	72	73	73
Th	7	15	16	13	15	14	18	18	18	17	20
U	5	6	7	5	7	7	9	9	9	8	8
V	32	155	129	155	117	72	130	138	108	111	105
W	5	6	6	6	5	8	6	7	6	6	6
Y	16	38	37	23	28	31	47	51	46	50	44
Zn	37	114	101	100	78	57	92	94	87	89	85
Zr	71	146	305	108	292	364	367	376	448	406	439

Tabelle 1: Gehalte der Haupt-, Neben und Spurenelemente.

des H_2O+ Wertes (ein Maß für das Kristallwasser) erfolgte aus den vorhandenen Parametern (Tabelle 1).

Das angewandte Al_2O_3-$(CaO* + Na_2O)$-K_2O Diagramm nach Nesbitt & Young (1984), auch A-CN-K Diagramm genannt, zeigt Verwitterung und Sortierungseffekte von Alumosilikaten und wurde erfolgreich zur Charakterisierung von Sedimenten und Verwitterungsprofilen (z.B.

Nesbitt & Young, 1989) eingesetzt. Für die Berechnung der folgenden Indizes bzw. Quotienten (z.B. Na_2O/Al_2O_3 etc.) wurden die proportionalen Molverhältnisse (Gewichtsprozent der Oxide – aus Tabelle 1 – dividiert durch das Molekulargewicht der Oxide) verwendet.

Der „chemical index of alteration" (CIA) nach Nesbitt & Young (1984) ist ein in der Paläopedologie häufig

Horizont	5	6	7c	7b	7a	8	8a	9	10	13	16
Gewichts-%											
SiO_2	60,0	65,0	59,0	60,0	62,0	68,0	64,0	68,0	61,5	68,5	62,5
TiO_2	0,83	0,94	0,97	0,98	1,01	1,06	0,98	1,07	0,90	0,94	0,90
Al_2O_3	18,5	16,5	18,0	18,0	17,5	15,0	16,0	15,0	17,0	14,0	16,0
Fe_2O_3	6,1	5,2	6,5	6,5	6,2	4,6	6,6	4,4	6,1	4,8	5,6
MnO	0,12	0,16	0,10	0,08	0,12	0,08	0,17	0,08	0,11	0,13	0,07
MgO	2,30	1,60	2,40	2,10	1,70	1,60	1,50	1,60	2,30	1,60	2,50
CaO	0,70	0,60	0,90	0,80	0,70	0,78	0,70	0,75	0,90	0,70	1,30
Na_2O	1,50	1,90	1,90	1,60	1,90	2,20	2,00	2,40	2,10	2,60	2,40
K_2O	2,40	2,10	2,20	2,10	2,00	1,90	1,90	1,90	2,40	1,90	2,20
H_2O 110° C	3,00	2,20	3,00	3,00	2,40	1,60	2,10	1,60	2,50	1,60	2,20
H_2O+	4,10	3,30	4,30	4,50	3,80	2,80	3,50	2,80	3,60	2,50	2,70
P_2O_5	0,18	0,16	0,16	0,15	0,13	0,12	0,15	0,13	0,16	0,12	0,19
CO_2	0,35	0,35	0,35	0,35	0,45	0,35	0,50	0,35	0,50	0,65	1,30
SO_3	0,03	0,03	0,03	0,03	0,03	0,02	0,02	0,02	0,03	0,03	0,05
Summe	100,10	100,04	99,81	100,19	99,93	100,11	100,12	100,10	100,09	100,07	99,91

ppm	5	6	7c	7b	7a	8	8a	9	10	13	16
Ba	387	378	426	404	374	362	375	363	411	363	407
Co	9	7	7	7	9	7	8	6	7	6	7
Cr	151	136	135	124	130	129	133	138	130	141	143
Cs	5	4	7	4	4	5	5	6	4	2	5
Cu	40	32	41	37	32	23	31	23	38	29	30
Ni	50	43	52	44	41	33	40	34	54	35	42
Pb	25	25	25	24	26	21	27	21	24	24	22
Rb	117	104	116	116	108	98	101	98	118	91	108
Sr	63	66	87	78	76	94	84	95	90	85	105
Th	18	18	18	18	18	19	18	18	18	18	18
U	7	8	8	7	8	8	8	8	8	8	8
V	110	100	134	128	119	103	121	96	119	84	113
W	6	6	5	6	5	6	6	6	6	5	6
Y	35	44	36	33	37	41	40	42	45	37	40
Zn	92	71	87	81	70	63	68	62	88	61	76
Zr	379	464	357	342	401	497	436	509	365	497	396

Tabelle 1: Gehalte der Haupt-, Neben und Spurenelemente (Fortsetzung).

Abbildung 1: A-CN-K Plot nach Nesbitt & Young (1984). Die in Klassen (Boden, Lösslehm, etc.) unterteilten Proben sind mit unterschiedlichen Symbolen dargestellt. Zur Orientierung sind auch folgende charakteristische Werte nach Buggle et al. (2008, cum lit.) abgebildet: BI – Biotit, IL – Illit, KA – Kaolinit, KF – Kalifeldspat PL – Plagioklas, MU – Muskovit, SM – Smektit und UCC – durchschnittliche Zusammensetzung der oberen kontinentalen Kruste. Die Pfeile zeigen die Richtung der Plagioklas – Verwitterung die immer parallel zur Na$_2$O + CaO* – Linie verläuft. Die Werte der meisten Proben bestehend aus Lösslehm und Boden zeigen einen Trend, der die zunehmende Plagioklasverwitterung widerspiegelt. Abweichungen davon wie der Boden AS 2 und Proben aus der basalen Umlagerungs- bzw.

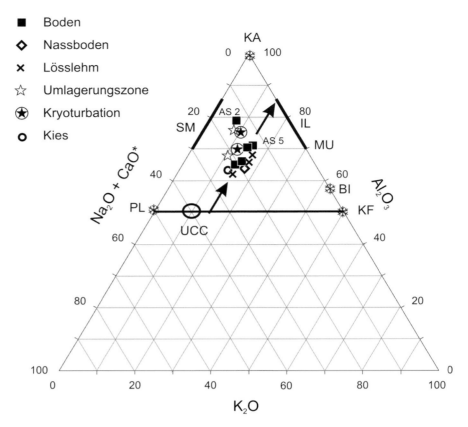

Verwitterungszone deuten auf ein zusätzliches Ausgangsmaterial als nur den Lösslehm für die Verwitterungsbildung hin.

verwendeter Index, welcher das Ausmaß der Umwandlung von Feldspat in Tonminerale anzeigt.

$$CIA = 100 \times [Al_2O_3/(Al_2O_3 + CaO^* + Na_2O + K_2O)]$$

Das CaO* in der Gleichung bezieht sich nur auf das Kalziumoxid in den Silikaten, d.h. in zwei Proben (Horizont 1 und 16) wurde das an Karbonate gebundene CaO herausgerechnet. Frisches Material hat Werte um ≤ 50, wogegen Werte um 100 stark verwittertes Material (z.B. Kaolinit) anzeigen.

Der R-Wert nach Ruxton (1968) ist ein simpler Verwitterungsindex der aus dem Quotient von SiO$_2$ und dem in der chemischen Verwitterung immobilen Al$_2$O$_3$ besteht.

Das Verhältnis Na$_2$O/Al$_2$O$_3$ gilt ebenfalls als ein guter Indikator um Veritterungsprozesse in einem Lössprofil zu dokumentieren (s. Smykatz-Kloss, 2003).

Bei den Spurenelementen erwies sich das Verhältnis von Rb, welches geochemisch mit K assoziiert ist, zu Sr, welches ein gleichartiges Verhalten und ähnliche Mobilität in der chemischen Verwitterung wie Ca aufweist, am aussagekräftigsten hinsichtlich der Charakterisierung der unterschiedlichen Verwitterungsintensitäten.

3. Resultate

Die Analysenergebnisse sind in Tabelle 1 aufgelistet. Die Verteilung der wichtigsten Oxide ist einerseits als A-CN-

K Ternär-Plot (Abb. 1) nach Nesbitt & Young (1984) bzw. auch horizontbezogen (vom Hangend ins Liegende) dargestellt (Abb. 2).

4. Interpretation

Die Interpretation der geochemischen Daten erfolgt anhand der Horizonte aus der paläopedologischen Geländeaufnahme (s. Abb. 1 in Terhorst et al., dieser Band). Grundsätzlich wird davon ausgegangen, dass das äolische Ausgangsmaterial im Großen und Ganzen vor der Verwitterung geochemisch-mineralogisch gleichartig war. Dafür spricht die geologische Situation des Ablagerungsgebietes, das unmittelbar an die Auswehungsgebiete, d.h. den fluviatilen Ablagerungen der Traun angrenzt (vgl. van Husen & Reitner, dieser Band). Von dieser Annahme sind nur die untersten Horizonte (Horizonte AS 2-2, AS 2-1, AS 2, AS 2a, AS 3) ausgenommen, deren Ausgangsmaterial für die Verwitterung zumindest zu einem großen Teil aus den kiesigen Sedimenten der Älteren Deckenschotter (Horizont AS 1) bestanden hat (s. Terhorst et al., dieser Band).

Im Folgenden erfolgt die Interpretation im Konnex mit den vorhanden granulometrischen mineralogischen und paläomagnetischen Daten (Terhorst et al., Scholger & Terhorst, dieser Band).

Abgesehen von dem liegendsten Anteil, den Kiesen der Älteren Deckenschotter (Horizont AS 1) und sehr

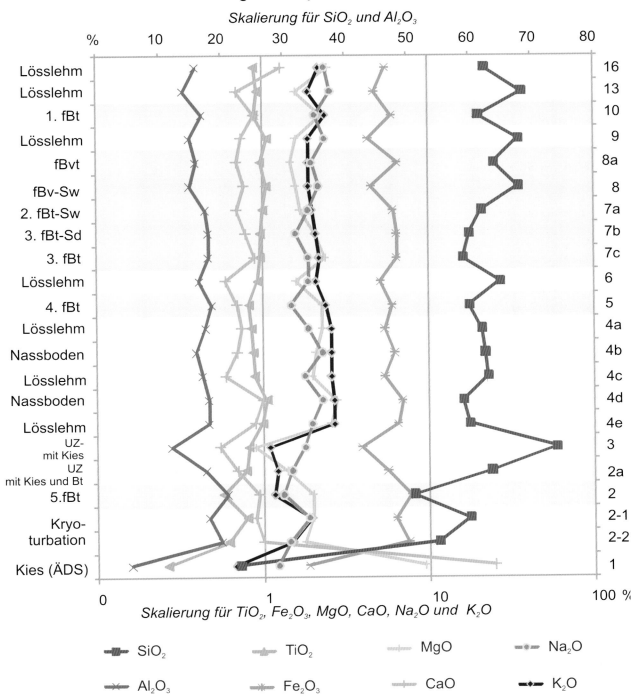

Abbildung 2: Änderung der Gehalte an Haupt- und Nebenelementen in Abhängigkeit von den Lösslehm- bzw. Bodenhorizonten.

geringen Gehalten von Dolomit in Horizont AS 16 (Lösslehm) ist das Profil karbonatfrei. Die überwiegend minimalen CO_2-Gehalte (< 1%, s. Tab. 1) resultieren im Vergleich mit der Mineralogie aus der im Sediment vorhanden organischen Substanz. Die karbonatfreie Probe aus Horizont AS 2 aus dem fünften fossilen Bt-Horizont einer Parabraunerde (5. fBt), weist einen überraschend hohen CO_2-Wert von 4,2 % auf, der ebenfalls nur aus

der Zerlegung der Organik im Paläoboden stammen kann. Das häufigste Oxid ist SiO_2, das dominant im Quarz und in Feldspäten aber auch in weniger verwitterungsresistenten Silikaten vorkommt, weist im Profil (Abb. 2) eine Abnahme der Gehalte immer dort auf, wo Paläoboden-Horizonte auftreten (Horizont AS 10 = 1.fBt, AS 8a = fossiler Bvt, AS7c = 3.fBt, AS 5 = 4.fBt und AS 2 = 5.fBt).

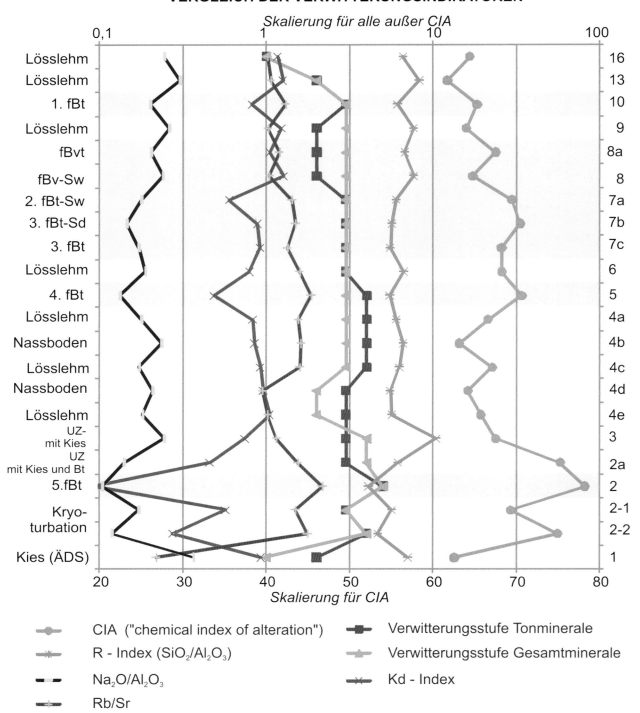

Abbildung 3: Verlauf der geochemischen, mineralogischen und granulometrischen Verwitterungsindikatoren in Abhängigkeit von den Lösslehm- bzw. Bodenhorizonten.

Demgegenüber zeigt das in der chemischen Verwitterung immobile Al_2O_3, welches überwiegend in den Feldspäten und Schichtsilikaten (inkl. Tonmineralen) vertreten ist, einen gegenläufigen Trend mit relativen Maxima (gegenüber dem jeweils Liegenden) genau in den Paläoboden. Eisen (Fe, hier als Fe_2O_3 angegeben) tritt einerseits in Mineralen von klastischen Sedimenten (Biotit, Amphi-

bolen, Pyroxen, Magnetit und dgl.), andererseits aber auch in typischen Mineralphasen der Bodenbildung wie Hämatit (teilweise auch detritär vorhanden), Lepidokrokit und Goethit auf. Im Profil (Abb. 2) zeigt Eisen einen ähnlichen Trend wie Aluminium. Allerdings treten die Paläoböden nicht so deutlich in Erscheinung wie bei den Suszeptibilitätsmessungen (s. Abb. 2 in SCHOLGER &

TERHORST, dieser Band). Dieser Unterschiede lässt sich dahingehend interpretieren, dass der wahrscheinliche Hauptträger der Eisenoxide, Goethit, in den Suszeptibilitätsmessungen im Vergleich zu inbesondere Magnetit und Hämatit aufgrund seiner Eigenschaften unterrepräsentiert ist. Das überwiegend in unverwitterten klastischen Sedimenten in Albit-reichen Plagioklasen aber auch in manchen Amphibolen wie Hornblenden vorkommende Natrium gilt in der chemischen Verwitterung als das mobilste Metall. Dementsprechend zeichnen die relativen Minima (s. Abb. 3) sehr schön die Bodenhorizonte (Horizont AS 10 = 1.fBt , AS 8a = fossiler Bvt, AS 7b = 3.fBt-Sd, AS 5 = 4.fBt und AS 2 = 5.fBt) nach. Demgegenüber zeigt das in der Verwitterung nur mäßig mobile Kalium, welches im mäßig verwitterungsbeständigen Muskovit aber auch im chemisch relativ resistenten Kalifeldspat in bedeutenden Anteilen vorhanden ist, weniger markante Variationen. Von den Bodenbildungen tritt hier nur der Horizont AS 10 (1. fBt) mit einem relativen Maximum hervor. Demgegenüber ist ein klares Minimum im 5. fBt (Horizont 2) und den darüber liegenden Umlagerungszonen (Horizont AS 2a und AS 3) zu erkennen. Dieses lässt sich hier gut mit dem Fehlen von Glimmer (Muskovit) erklären, welcher im darüber liegenden Lösslehm-Paläoboden-Paket durchgehend vertreten ist. Zudem korreliert das K-Defizit im 5. fBt-Boden sehr gut mit der stärksten Verwitterungsstufe der Tonmineralogie (TERHORST et al., dieser Band), in der Illit weitgehend umgewandelt ist.

Magnesium ist abgesehen von Dolomit, der nur im höchsten und tiefsten analysierten Horizont vorhanden ist, nur in Amphibolen und als Zwischenschicht-Kation der Tonminerale (insbesondere Vermikulit) im Profil vertreten. Die Verteilung von Mg zeigt keine Korrelation mit den Paläoböden.

Die höchsten Kalzium Werte sind einerseits im Kies der ÄDS (AS 1) und im obersten analysierten schwach Dolomit-führenden Lösslehm (AS 13) zu finden. Im restlichen karbonatfreien Profil dürften Ca-führende Silikate wie Plagioklas und Amphibol sowie auch die Zwischenschichtkationen von Tonminerale die Träger dieses Elementes sein. Die Schwankungen der Gehalte lassen keinen eindeutigen Trend erkennen. Eine bessere Charakterisierung der Verwitterungsintensität lässt sich über die Relation mobiler Elemente wie z.B. Ca, Na, K gegenüber verwitterungsimmobilen Elementen wie z. B. Al gewinnen.

Das A-CN-K-Diagramm zeigt einerseits, dass der überwiegende Teil der Proben auf einer Verwitterungslinie (der Plagioklasverwitterung, vgl. NESBITT & YOUNG, 1984, 1989) liegt, womit die ursprüngliche Annahme bestätigt ist, dass für den Großteil des Profils von einem im großen und ganzen gleichartigen Ausgangsmaterial auszugehen ist. Abweichungen davon sind bei den Horizonten ersichtlich, deren Ausgangsmaterial zu einem großen Teil aus dem Kies des Älteren Deckenschotters bestand wie z.B. beim AS 2 (5. fBt) und auch bei den im unteren Profilabschnitt vorhanden Umlagerungs- und Kryoturbationshorizonten. Auch in dieser Darstellung

ist der AS 2 (5. fBt) als der am intensivsten verwitterte Bodenhorizont ersichtlich.

Die im Methodik-Kapitel vorgestellten geochemischen Quotienten und Indizes wurden den aus der Gesamt- bzw. Tonmineralogie ermittelten Indizes, die mit den Klassen von 1 bis 5 die zunehmende Verwitterungsintensität charakterisieren, gegenübergestellt (s. Tab. 2). Zum Vergleich wurde auch der Kd-Wert (Quotient von Grob- und Mittelschluff zu Feinschluff und Tongehalt) nach PECSI & RICHTER (1996) herangezogen (s. TERHORST et al., dieser Band). Der Verwitterungsindex Kd weist bei stärker verwitterten Horizonten geringere Werte auf.

CIA-Index: Dieser weist alle Paläoböden als relative Maxima (im Vergleich zum jeweils Liegenden und damit zum Ausgangsmaterial) aus (Abb.3). Der CIA-Wert und damit die Verwitterungsintensität nimmt vom 1. fBt (AS 10) zum Horizont AS 8a (fossiler Bvt) zu. Eine weitere Intensivierung der Verwitterung mit deutlich höheren CIA-Werte ist zwischen Horizonten AS 7a (2. fBt-Sd) bis hinab zum 4. fBt-Sd5 (AS 5) ersichtlich, wobei der 3. fBt-Sd (AS 7b) und der 4. fBt (AS 10) als Maxima deutlich hervortreten. Weiters ist zu betonen, dass die Verwitterungsmaxima des CIA-Index in ihrer Position und relativen Stärke mit jenen des Kd-Index (in niedrigeren Werten abgebildet) eine große Ähnlichkeit aufweisen.

R-Wert: Hier treten inbesondere der 1. fossile Bt sowie der 4. fBt und der 5. fBt prominent mit jeweils einem relativen Minimum hervor (Abb. 3). Der Bodenkomplex mit 2. fBt und 3. fBt ist aufgrund dieses Index nicht in sich gliederbar.

Betrachtet man das Na_2O/Al_2O_3 Verhältnis, so zeichnen sich hier die Bodenhorizonte mit niedrigeren Werten ab. Nimmt man diese Quotienten als Hinweise auf die Verwitterungsintensität, so nimmt diese von 1.fBt (10) und Horizont AS 8 zu 3. fBt (AS 7c) und zu 4.fBt (AS 5) zu. Den niedrigsten Wert und damit die stärkste Verwitterung wird hier im 5. fBt (AS 2) angezeigt.

Das Rb/Sr-Verhältnis bildet die Bodenhorizonte mit relativen Maxima ab (Abb. 3). Das heißt, in diesen Horizonten wurde das in der chemischen Verwitterung mobilere Sr gegenüber dem Rb verringert. Diese relativen Maxima sind im Folgenden nach der Höhe des Wertes und damit der Intensität der Verwitterung aufgereiht: Fossiler Bvt (AS 8a), der 1. fBt (AS 10), der Bodenkomplex 7c-7a (3. fBt bis 2. fBt) mit einem Maximum im 3. fBt-Sd, der 4. fBt (AS 5) und der 5. fBt. Die Verteilung der Rb/Sr-Kurve mit den Horizonten zeigt damit eine frappierende Ähnlichkeit mit jener der Tonmineralogie-Verwitterungsklassen.

Betrachtet man den Bodenkomplex vom fBvt (AS 8a) bis zum 3. fBt (AS 7c) so treten beim CIA-Index, Na/Al- und Rb/Sr-Verhältnis immer 2 relative Maxima mit erhöhter Verwitterungsintensität hervor. Dies sind der 3. fBt (AS 7b), der sich vom darüberliegenden 2. fBt zwar nicht stark aber immer klar erkennbar abhebt, und der fBv (AS 8a). Folgt man diesem Verlauf, so könnten hier aus einer Kombination von Geochemie und Geländeansprache das Resultat von drei anstatt von zwei Verwitterungsphasen

Horizonte	R-Index	CIA-Index	Na_2O/Al_2O_3	Rb/Sr	Kd-Index	Verw.-Int. Gesamtmin.	Verw.-Int. Tonmin.
AS 1	7,1	62,6	0,37	0,22	0,93	1	2
AS 2-2	4,7	75,0	0,12	1,77	0,28	4	4
AS 2-1	5,7	69,3	0,17	1,50	0,57	3	3
AS 2	4,1	78,2	0,10	2,18	0,09	5	5
AS 2a	6,2	75,3	0,14	1,55	0,46	4	3
AS 3	10,5	67,5	0,25	1,16	0,74	4	3
AS 4e	5,7	65,8	0,18	1,02	1,05	2	3
AS 4d	5,6	64,2	0,21	0,95	0,96	2	3
AS 4c	6,3	67,1	0,17	1,59	0,92	3	4
AS 4b	6,6	63,2	0,24	1,61	0,85	3	4
AS 4a	6,0	66,6	0,18	1,56	0,83	3	4
AS 5	5,5	70,6	0,13	1,86	0,49	3	4
AS 6	6,7	68,3	0,19	1,58	0,80	3	3
AS 7c	5,6	68,2	0,17	1,34	0,92	3	3
AS 7b	5,7	70,5	0,15	1,50	0,88	3	3
AS 7a	6,0	69,5	0,18	1,43	0,60	3	3
AS 8	7,7	64,8	0,24	1,05	1,28	3	2
AS 8a	6,8	67,5	0,21	1,20	1,05	3	2
AS 9	7,7	64,0	0,26	1,03	1,24	3	2
AS 10	6,1	65,3	0,20	1,31	0,82	3	3
AS 13	8,3	61,7	0,31	1,07	1,26	2	2
AS 16	6,6	64,4	0,25	1,02	1,17	1	1

Tabelle 2: Werte für den R-Index (SiO_2/Al_2O_3), den CIA-Index, Na_2O/Al_2O_3- und Rb/Sr-Quotient. Die Werte für Kd-Index sowie Verwitterungsintensität Gesamtmineralogie als auch Verwitterungsintensität Tonmineralogie stammen aus TERHORST et al. (dieser Band).

(vgl. TERHORST et al.) vorliegen. Auf eine erste, sehr intensive Verwitterungsphase (3. fBt), folgte eine unwesentlich schwächere (2. fBt), die wieder frisches Material aufgearbeitet hat. Die schwächste Verwitterungsintensität entwickelte sich letztlich am Top des Bodenkomplexes fBt (AS 8a).

Der Lösslehm-Abschnitt (AS 4a, 4c, 4e) unterhalb des intensiv verwitterten 4. fBt-Paläobodens (AS 5) zeigt zwar beim CIA-Wert Schwankungen, bestätigt aber generell den schon in den Kd-Werten und mineralogischen Indizes ersichtlichen Trend zu einer geringeren Verwitterung gegen die Tiefe hin. Dies ist auch in der Tiefenverteilung des Rb/Sr-Verhältnis ersichtlich, wo der unterste Lösslehm-Horizont AS 4e die geringste Verwitterung in diesem Lösslehm-Abschnitt aufweist. Interessanterweise zeigen die dazwischengeschalteten Naßbodenhorizonte (AS 4b und 4d) beim CIA wie auch beim Na_2O/Al_2O_3-Verhältnis eine geringere Verwitterung als die Lösslehme an.

5. Schlussfolgerungen

Die geochemischen Analysen bestätigen eindeutig die in der bodenkundlichen Ansprache als Paläoboden klassifizierten Horizonte als jene mit der größten Verwitterungsintensität. Diese Paläoböden zeigen bei den Haupt- und Nebenelementen gegenüber dem Horizont im Liegenden und damit dem Ausgangsmaterial höhere Werte an Al_2O_3 und Fe_2O_3 und geringere Werte an Si und Na. Diese Trends entsprechen in Grundzügen der chemischen Mobilität/Immobilität der jeweiligen Elemente in der chemischen Verwitterung.

Betrachtet man den chemical index of alteration (CIA), den R-Wert (Verhältnis (SiO_2/Al_2O_3), das Na_2O/Al_2O_3-Verhältnis und das Rb/Sr-Verhältnis, so treten dabei vom Hangenden gegen das Liegende der 1. fBt (Horizont AS 10), der fBvt (AS 8a), der 3. Bt-Sd (AS 7b) der 4. fBt (AS 5) und der 5. fBt (Horizont 2) deutlich hervor. Die stärkste Verwitterung ist anhand von CIA sowie Rb/

Sr- und Na$_2$O/Al$_2$O$_3$-Verhältnis im untersten Paläoboden dem 5. fBt (Horizont 2), welcher sicherlich auch zu einem Großteil aus der Verwitterung der Deckenschotter herrührt, ersichtlich. Dieser Befund stimmt mit den aus der Mineralogie und Granulometrie gewonnen Verwitterungsklassen bzw -index (Verwitterungstufen der Gesamtmineralogie bzw. der Tonmineralogie und Kd-Wert; Terhorst et al. dieser Band) gut überein.

Innerhalb der nur aus äolischen Sedimenten aufgebauten Abfolge weist der 4. fBt (AS 5) – basierend auf den zuvor erwähnten Parametern – die stärkste Verwitterung auf. Innerhalb des Pedokomplexes 3. fBt bis fBv weist der 3. fBt-Sd-Horizont (AS 7b) die stärkste Verwitterung mit Na$_2$O/Al$_2$O$_3$-Verhältnissen und CIA-Werten ähnlich denen des 4. fBt (AS 5) auf. Der 2. fBt ist nach den geochemischen Werten geringer ausgeprägt, aber stärker verwittert als der fBvt (AS 8a). Gemäß der CIA-Werte zeigt der 1. fBt (AS 10) die geringste Verwitterung an, wogegen die Na$_2$O/Al$_2$O$_3$-Werte denen des 1. fBv gleichen. Rb/Sr sowie der R-Wert weisen sogar auf eine merklich höhere Verwitterung als der fBvt (AS 8a) hin.

In Summe korrelieren die geochemischen Indizes sehr gut mit den aus den mineralogischen Analysen gewonnenen Verwitterungsindizes (TERHORST et al., dieser Band). Beide unterschiedlich gewonnenen Indizes sind grundsätzlich eine gute Kontrolle bzw. Bestätigung der paläopedologischen Geländeaufnahmen hinsichtlich der Pedogenese und der Verwitterungsintensität. Aufgrund der wesentlich größeren Vielfalt der berücksichtigten Parameter ist eine genauere Feinauflösung des Profils als Erweiterung des Geländebefundes zu erreichen. Eine fachgerechte Geländeansprache kann durch ein gezieltes mineralogisch/geochemisches Analysenprogramm verfeinert werden und so eine optimale paläoklimatische Rekonstruktion ermöglichen.

6. Danksagung

Die Autoren bedanken sich bei Dr. Peter Klein (im Ruhestand, ehemals Fachabteilung Geochemie, Geologische Bundesanstalt), der die Analysen in seiner Abteilung durchführen ließ. Sein Nachfolger Dr. Gerhard Hobiger stand für Rückfragen zur Analytik hilfreich zur Seite.

7. Literatur

BUGGLE, B., GLASER, B., ZÖLLER, L., HAMBACH, U., MARKOVIC, S., GLASER, I. & GERASIMENKO, N., 2008. Geochemical characterization and origin of Southeastern and Eastern European loesses (Serbia, Romania, Ukraine). — Quaternary Science Reviews, **27**:1058–1075.

HUSEN, D. van & REITNER, J.M., dieser Band. Klimagesteuerte Terrassen- und Lössbildung auf der Traun-Enns-Platte und ihre zeitliche Stellung. — Mitt. Komm. Quartärforsch. Österr. Akad. Wiss., **19**:1–11, Wien.

NESBITT, H.W. & YOUNG, G.M., 1984. Prediction of some weathering trends of plutonic and volcanic rocks based on thermodynamic and kinetic considerations. — Geochimica et Cosmochimica Acta, **48**:1523–1534.

NESBITT, H.W. & YOUNG, G.M., 1989. Formation and diagenesis of weathering profiles. — Journal of Geology, **97**:129–147.

PÈCSI, M. & RICHTER, G., 1996. Löss Herkunft – Gliederung – Landschaften. — Zeitschrift für Geomorphologie, Neue Folge, Supplementband **98**, Gebrüder Bornträger, 391 S., Berlin Stuttgart.

RUXTON, B.P., 1968. Measures of the degree of chemical weathering of rocks. — Journal of Geology, **76**:518–527.

SMYKATZ-KLOSS, B., 2003. Die Lößvorkommen des Pleiser Hügellandes bei Bonn und von Neustadt/Wied sowie der Picardie: Mineralogisch-geochemische und geomorphologische Charakterisierung, Verwitterungs-Beeinflussung und Herkunft der Lösse. URL: http://hss.ulb.unibonn.de/diss_online/math_nat_fak/2003/smykatz-kloss_bettinaS, URN: /urn:nbn:de:hbz:5n-03082S.

SMYKATZ-KLOSS, W., SMYKATZ-KLOSS, B., NAGUIB, N. & ZÖLLER, L., 2004. The reconstruction of palaeoclimatological changes from mineralogical and geochemical compositions of loess and alluvial loess profiles. — [in:] SMYKATZ-KLOSS, W., FELIX-HENNINGSEN, P. (Eds.). Palaeoecology of Quaternary Drylands. — Lecture Notes in Earth Sciences, **102**, Springer-Verlag, Heidelberg, pp. 101–118.

SCHOLGER R. & TERHORST, B., dieser Band. Paläomagnetische Untersuchungen der pleistozänen Löss-/Paläobodensequenz im Profil Wels-Aschet. — Mitt. Komm. Quartärforsch. Österr. Akad. Wiss., **19**:47–61, Wien.

TERHORST, B., OTTNER, F. & HOLAWE, F., dieser Band. Pedostratigraphische, sedimentologische, mineralogische und statistische Untersuchungen an den Deckschichten des Profils Wels/Aschet (Oberösterreich). — Mitt. Komm. Quartärforsch. Österr. Akad. Wiss., **19**:13–35, Wien.

Mitt. Komm. Quartärforsch. Österr. Akad. Wiss., **19**:47–61, Wien 2011

Paläomagnetische Untersuchungen der pleistozänen Löss-Paläobodensequenz im Profil Wels-Aschet

by

Robert Scholger[1] & Birgit Terhorst[2]

SCHOLGER, R. & TERHORST, B., 2011. Paläomagnetische Untersuchungen der pleistozänen Löss-Paläobodensequenz im Profil Wels-Aschet. — Mitt. Komm. Quartärforsch. Österr. Akad. Wiss., **19**:47–61, Wien.

Inhalt

[1] Prof. Dr. Robert SCHOLGER, Department für Angewandte Geowissenschaften und Geophysik Montanuniversität Leoben Peter Tunner-Strasse 27, 8700 Leoben, e-mail: scholger@unileoben.ac.at

[2] Prof. Dr. Birgit TERHORST, Institut für Geographie, Universität Würzburg, Am Hubland, D-97074 Würzburg, e-mail: birgit.terhorst@uni-wuerzburg.de

Zusammenfassung

Geomagnetische Exkursionen stellen kurzzeitige Abweichungen vom normalen Erdmagnetfeld dar, die als einzeitige Phänomene überregional beobachtet werden können und eignen sich daher für die chronostratigraphische Korrelation. Die vorliegende Arbeit stellt die paläomagnetische Bearbeitung der mittel- bis jung-pleistozänen Löss-/Paläoboden-Sequenz im Areal der ehemaligen Ziegelei Würzburger in Aschet bei Wels vor. Fünf intensiv entwickelte Paläoböden, bzw. Pedokomplexe wechseln mit dazwischen geschalteten Lösslehmlagen ab. Durch Grabungen konnte ein Profil mit einer Mächtigkeit von über 12 m erschlossen werden. Für die magnetostratigraphischen Laboruntersuchungen im Paläomagnetiklabor der Montanuniversität wurden insgesamt 587 orientierte Proben entnommen, so dass eine beinahe lückenlose Beprobung vorliegt.

Die Proben wurden mit magnetischen Wechselfeldern sowie thermisch abmagnetisiert. Zur Bestimmung der magnetischen Trägerminerale in den Sedimenten wurden Curiepunkt-Bestimmungen durchgeführt, die eine Hauptträgerphase mit einem Curie-Punkt bei ca. 580°C (Magnetit), sowie untergeordnete Anteile von Hämatit mit 670°C Curie-Punkt ergaben. Die magnetischen Parameter zeigen eine Folge von Bereichen mit intensiver Magnetitbildung im Boden, erkennbar an der hohen magnetischen Suszeptibilität und Sättigungsmagnetisierung, die dem relativ wärmeren Klima von Interglazialen zugeordnet werden können.

Die Mehrzahl der Proben zeigten charakteristische Remanenzrichtungen im Bereich des normalen pleistozänen Erdmagnetfeldes. In einigen Bereichen des Profils traten stark abweichende Remanenzrichtungen auf, die auf Exkursionen des Erdmagnetfeldes hinweisen. Für die chronostratigraphischen Zuordnungen wurden mehrere aktuell publizierte und zum Teil nicht übereinstimmende Zusammenstellungen der bislang international anerkannten beobachteten Exkursionen innerhalb des Brunhes-Chron verwendet. Die beobachteten Exkursionen im Profil Aschet werden aufgrund sedimentologischen Überlegungen in das Zeitintervall von 570 ka (Emperor - Big Lost - Calabrian Ridge) bis 110 ka (Blake) gestellt. Die Brunhes/Matuyama-Grenze (776 ka) wurde nicht erreicht.

Summary

Geomagnetic excursions represent short-lived deflections of the Earth's magnetic field which can be observed on broader regional scales and are, thus, suitable for chronostratigraphic correlations. We present a palaeomagnetic investigation of a loess/palaeosol sequence in the former brickyard (Würzburger) in Aschet near Wels. The Pleistocene sequence contains five palaeosols with partly intense pedogenesis, intercalated with loessic sediments. A profile with a total thickness of more than 12 m was excavated, and 587 oriented samples were taken for paleomagnetic measurements in the Palaeomagnetic Laboratory of the University of Leoben.
Samples were demagnetized stepwise using thermal and alternating field methods. Among other parameters, Curie-point determinations established magnetite as the main magnetic carrier mineral in the sediments. Minor contributions from haematite were also observed. The variation of magnetic susceptibility and intensity of saturation remanence with depth yielded zones with enhanced magnetite concentration in the profile, which can be related with soil formation in interglacial periods. The remanence vectors of the majority of the samples were aligned in the normal Pleistocene direction of the Earth's magnetic field. However, in some stratigraphic levels strongly deflecting vector directions were observed, which can be related to excursions of the Earth's magnetic field. The presented chronostratigraphic correlation is based on currently published international reference scales, which differ from each other in many details. The correlation indicates an age range between 570 ka (Emperor - Big Lost - Calabrian Ridge) and 110 ka (Blake) for the observed excursions in the profile Aschet. The Brunhes/Matuyama-boundary (776 ka) was not recorded.

1. Einleitung

Die vorliegende Arbeit stellt die paläomagnetische Bearbeitung der mittel- bis jungpleistozänen Löss-/Paläoboden-Sequenz auf den Älteren Deckenschottern der Traun-Enns-Platte bei Wels-Aschet vor. Für das Alter der Älteren Deckenschotter wird aufgrund des Fehlens absoluter Daten bis heute zumeist die klassische morphostratigraphische Gliederung nach PENCK & BRÜCKNER (1909) angewandt.
International betrachtet, geben u.a. marine Sauerstoffisotopenkurven und Studien in chinesischen Lössen eine Vorstellung über die Zahl der Glazial-/Interglazialzyklen für das Mittelpleistozän. Terrestrische Studien in Europa können dieser Vorgabe in Ermangelung von Datierungsmethoden im Mittelpleistozän kaum folgen.

HABBE (2003) spricht in diesem Zusammenhang von einer Zeitlücke zwischen dem Günz und dem Jungpleistozän. Deshalb besitzt die Paläomagnetikgrenze am Übergang von Alt- zum Mittelpleistozän (780.000 Jahre) in früheren Arbeiten eine entscheidende stratigraphische Bedeutung für das nördliche Alpenvorland. So konnte beispielsweise im ehemaligen Rheingletschergebiet die Brunhes/Matuyama-Grenze zum einen an der Basis von Günzschottern am Heiligenberg nachgewiesen werden (ELLWANGER et al., 1995), zum anderen trat die Polumkehr jedoch auch innerhalb der Jüngeren Deckenschotter der Ziegelei Allschwil bei Basel auf (ZOLLINGER, 1991), was zusätzlich durch die pedostratigraphischen Ergebnisse unterstrichen wird (BIBUS, 1990). Im nordöstlichen Alpendvorland kann der Beginn des „Günz-Komplexes" knapp oberhalb der Brunhes/Matuyama-Grenze vermutet werden, da diese noch in keiner entsprechenden Sequenz nachgewiesen wurde (vgl. KOHL, 2000; VAN HUSEN, 2000).

Die Stratigraphische Tabelle Deutschland 2002 (DEUTSCHE STRATIGRAPHISCHE KOMMISSION, 2002) weist unterhalb des Rißkomplexes auf große Unsicherheiten in der chronostratigraphischen Zuordnung der Glaziale hin. Auch die Stratigraphische Tabelle von Österreich (PILLER et al., 2004) veranschaulicht diese Problematik sehr deutlich. Die Älteren Deckenschotter werden hier aufgrund stratigraphischer Überlegungen in das siebtletzte Glazial eingestuft. In diesem Kontext gibt VAN HUSEN (2000) einen chronostratigraphischen Rahmen für die glazialen Ablagerungen und Prozesse im Mittelpleistozän der Ostalpen. In dieser Studie wird davon ausgegangen, dass die vier klassischen Glaziale in die Brunhes-Chron einzustufen sind. VAN HUSEN (2000) geht davon aus, dass Günz mit dem MIS 16, und Mindel mit dem MIS 12 zu korrelieren sind. Darüber hinaus stellt der Autor das Riß-Glazial in das MIS 6 sowie das Würm-Hochglazial in das MIS 2.

Auf der Basis von Deckschichtenanalysen im Linz/Welser Raum kommt TERHORST (2007) zu ähnlichen Ergebnissen. Auch hier korreliert Günz mit dem MIS 16 und Mindel mit dem MIS 12. Weiterhin lässt sich die Alterseinstufung des jüngeren Mindelkomplexes mit der Stratigraphie nach DOPPLER & JERZ (1995) in Einklang bringen. Die Autoren setzen das Haslach-Glazial ins MIS 14 und das klassische Mindel hingegen ins MIS 12. Zudem werden Überreste glazialer Schotter im nordöstlichen Alpenvorland von KOHL (in FINK et al., 1976) und VAN HUSEN (2000) in das kurze und weniger intensive MIS 14 gestellt.

Frühere Untersuchungen in den Deckschichten auf fluvioglazialen Terrassen im Linz-Welser Raum zeigen deutlich, dass es für die klassischen Vorstellungen nach PENCK & BRÜCKNER (1909) zu viele Interglazialböden gibt (KOHL & KRENMAYR, 1997; STREMME et al., 1991). Für die Entwicklung eines chronostratigraphischen Rahmens für den Untersuchungsraum spielen paläomagnetische und gesteinsmagnetische Studien, respektive der Nachweis mittelpleistozäner magnetischer Exkursionen, begleitet von paläopedologisch-pedostratigraphischen

Analysen, eine entscheidende Rolle für die Einschätzung der stratigraphischen Stellung der Jüngeren und Älteren Deckenschotter. Aus diesem Grund wurden im Areal der ehemaligen Ziegelei Würzburger in Aschet bei Wels detaillierte Beprobungen durchgeführt und im Magnetiklabor der Montanuniversität Leoben mit finanzieller Unterstützung durch die Akademie der Wissenschaften analysiert.

1.1. Die Deckschichten auf den Älteren Deckenschottern im Profil Wels-Aschet

Bei der hier vorgestellten, überwiegend mittelpleistozänen Abfolge ergibt sich eine sehr differenzierte Gliederung der Deckschichten. Fünf intensiv entwickelte Paläoböden, bzw. Pedokomplexe wechseln mit dazwischen geschalteten, weitgehend karbonatfreien Lösslehmlagen ab. Eine detaillierte Beschreibung der Abfolge findet sich in diesem Band (Terhorst et al., dieser Band).

In der Terrasse der Älteren Deckenschotter (Günz) ist ein intensiv tondurchschlämmter, dunkelroter Horizont (AS 2) ausgebildet. Die Verwitterungsintensität ist aufgrund pedogener Merkmale, sedimentologischer und mineralogischer Analysen im Vergleich mit dem übrigen Profil sehr hoch. Der Oberboden wurde durch eine nachfolgende Erosionsphase abgetragen und kiesführende Schichten mit eingelagerten Bodensedimenten kamen auf dem erodierten Paläoboden zur Ablagerung (AS 2a, 3).

Darüber folgt ein etwa 3 m mächtiger Lösslehm (AS 4a-d), der von zwei kryoturbat überprägten, glazial gebildeten Nassböden gegliedert ist. Pedogene Merkmale in Form von vereinzelten Toncutanen befinden sich im oberen Abschnitt des blassgelben Lösslehms und weisen auf eine Beeinflussung des Sediments vom hangenden Paläoboden hin, die nach unten hin sukzessive nachlässt. Bei dem hangenden Bodenhorizont AS5 handelt es sich um einen pseudovergleyten Bt-Sd-Horizont, von dem nur der untere Profilabschnitt erhalten ist. Trotzdem ist die Deutung als interglazialer Paläoboden aufgrund seiner Färbung und intensiven Tonanreicherung sowie sedimentologischer und mineralogischer Befunde möglich. Über dem Paläoboden kam wiederum ein Lösslehm zur Ablagerung (AS 6).

Problematisch für Datierungen und pedostratigraphische Untersuchungen ist die Tatsache, dass der folgende Profilabschnitt zwei Paläoöden enthält (AS 7a-c, 8a, 8), wobei der obere 2.fBt-Sd den liegenden 3. fossilen Boden überprägt und diese zusammen einen kompliziert aufgebauten ca. 2 m mächtigen Pedokomplex bilden. Die sedimentologischen Analysen erlauben jedoch aufgrund eindeutiger Tongehaltsunterschiede eine Differenzierung der einzelnen Horizonte (Terhorst et al., dieser Band). Zwischen dem 2. und 3. Paläoboden liegen Thermolumineszenz-Datierungen von Stremme et al. (1991) vor. Die Altersangaben betragen 233.000 Jahre (± 35.000), bzw. 245.000 Jahre (± 51.000), werden im Profil jedoch nach unten wieder jünger, so dass diese Daten mit Vorsicht betrachtet werden müssen und die Ablagerungen unter Umständen ein wesentlich höheres Alter besitzen können.

Als oberster interglazialer Paläoboden folgt auf einem Lösslehm der Eemboden innerhalb der Profilsequenz (AS 10). Dieser tritt in weiteren Lössprofilen in Oberösterreich in vergleichbarer Position und Ausprägung auf (Terhorst et al., 2002). So ist er wesentlich weniger dicht gelagert als die älteren Paläoböden und nur geringfügig pseudovergleyt. Der jüngste Bereich im Profil wird von einer geringmächtigen würmzeitlichen Abfolge, wie sie im nördlichen Oberösterreich charakteristischerweise vorkommt, gebildet (Terhorst, 2007).

Insgesamt betrachtet, konnten im Gegensatz zu älteren Bearbeitungen (Fink et al., 1976; Kohl, 2000; Stremme et al., 1991) fünf eindeutige Paläoböden von interglazialer Intensität nachgewiesen werden, wobei die basalen Profilabschnitte aufgrund ihres signifikanten Verwitterungsgrades auch zwei Warmzeiten repräsentieren können. Bei den Paläoböden und Pedokomplexen handelt es sich um Übergänge zwischen Parabraunerden und Pseudogleyen. Die intensiven pedogenetischen Prozesse spiegeln sich in den paläopedologischen Merkmalen, insbesondere in dem Auftreten von Toncutanen, sedimentologischen und mineralogischen Daten sehr gut wider. Generell überliefert das Profil erodierte Bodenhorizonte von ehemaligen Waldböden, die aufgrund ihres hohen Tongehaltes und ihrer dichten Lagerung nicht vollständig erodiert wurden. Im Gegensatz dazu sind Lösslehmlagen und schwach entwickelte Interstadialböden, welche hier nicht präsent sind, aufgrund ihrer Erosionsanfälligkeit durch das nachfolgende Glazial bis auf geringmächtige Lösslehmreste abgetragen worden. Von diesen intensiven Erosionsprozessen, wie sie unter den pleistozänen Umweltbedingungen des Alpenvorlandes charakteristisch sind, bleibt nur die würmzeitliche Abfolge verschont, die aus diesem Grund noch interstadiale Bodenbildungen aufweist. Im Untersuchungsgebiet und seinen angrenzenden Räumen sind bisher keine interstadialen Paläoböden nachgewiesen, die älter als würmzeitlich sind (Terhorst, 2007; Kohl, 2000).

Die untersuchten Lösslehme zeigen in den basalen Bereichen des Profils eine fortgeschrittene Verwitterung und Überprägung durch überlagernde Paläoböden. Ihre pedogenetischen Merkmale treten jedoch in Anzahl und Intensität hinter jene der Bodenhorizonte zurück. Zudem lässt die Verwitterungsintensität in den einzelnen Lösslehmpaketen von oben nach unten nach (vgl. Terhorst et al., dieser Band). Auf der Basis der paläopedologischen Analysen liegt eine Mindesteinstufung der Älteren Deckenschotter in Wels-Aschet in die sechst-, bzw. siebentletzte Kaltzeit nahe.

1.2. Paläomagnetische Untersuchungen an Löss/Paläoboden-Sequenzen

Klimaveränderungen beeinflussen Verwitterungs- und Sedimentationsprozesse, die sich auch auf die magnetischen Minerale in Gesteinen auswirken (Dekkers, 1997). Daher sind magnetische Parameter, wie z.B. die magnetische Suszeptibilität, empfindliche Indikatoren für klimaabhängige Variationen der Art, Korngröße und

Abbildung 1: Probennahme für paläomagnetische und paläopedologische Untersuchung im Profil Aschet (2003).

Konzentration magnetischer Minerale in Sedimenten (THOUVENY et al., 1994; VEROSUB & ROBERTS, 1995). Die magnetische Suszeptibilität (Magnetisierbarkeit) von Gesteinen ist abhängig von der Konzentration und Korngröße der am Gesteinsaufbau beteiligten magnetischen Mineralphasen. Im Allgemeinen kommt Magnetit aufgrund der hohen mineralspezifischen Suszeptibilität die größte Bedeutung zu, und die magnetische Suszeptibilität kann als grobes Maß für den Magnetitanteil von Gesteinen herangezogen werden (THOMPSON & OLDFIELD, 1986).

Mehrere umfangreiche Untersuchungen an Lössprofilen in Europa und Asien belegen, dass in Paläoböden in erster Linie feinkörniger Magnetit (superparamagnetischer Korngrößenbereich (SP) < 30 nm) als Trägermineral der magnetischen Eigenschaften auftritt, während die magnetischen Komponenten von Lössproben durch die größeren singledomain (SD) und multidomain (MD) Korngrößen charakterisiert sind (EVANS & HELLER, 2003). Da die magnetische Suszeptibilität von SP-Magnetit um ein Vielfaches größer ist, kann die zeitliche Variation dieses Parameters als Indikator für die Intensität der Bodenbildung herangezogen werden (HELLER & LIU, 1984). In Modellannahmen wird davon ausgegangen, dass wechselnde Redox-Bedingungen im Boden während der Verwitterung von eisenhältigen Mineralen zur Freisetzung von Eisen und Neubildung von Ferrihydrit führen. Am Ende einer Reaktionskette steht die Neubildung von SP-Magnetit bzw. Maghämit im Boden unter oxidierenden Bedingungen (MAHER, 1998). CHEN et

al. (2005) verweisen auf die Bedeutung des organischen Anteils in Zusammenhang mit der Aktivität von Eisenreduzierenden Bakterien.

Bislang liegen nur wenige paläomagnetische Ergebnisse von Löss/Paläoboden-Sequenzen in Österreich vor. Frühere Untersuchungen in der Lehmgrube der Ziegelei Würzburger in Aschet bei Wels werden von FINK et al. (1976) beschrieben. Für den ersten Versuch einer paläomagnetischen Datierung dieser Sedimente wurden im Jahre 1974 aus den Deckschichten über den Älteren Deckenschottern Proben in Abständen von 20 bis 40 cm entnommen, die alle positive Inklination und um Null schwankende Deklination aufwiesen. Als mögliche Ursache für das Fehlen einer erwarteten Umpolung (Brunhes/Matuyama-Grenze) sowie stark variierende Deklinationswerte im untersten Teil der Schichtfolge wurden sekundäre Verlagerungsprozesse an der Basis der Deckschichten angeführt (FINK et al., 1976).

2. Methodik

2.1. Probennahme und Profilmessung

Durch zwei Grabungen (2001, 2003) konnte ein Profil mit einer Mächtigkeit von über 12 m erschlossen werden. Die Probennahme für paläomagnetische Laboranalysen erfolgte unter Verwendung von würfelförmigen Kunststoffhülsen (2 cm Kantenlänge), die an einer

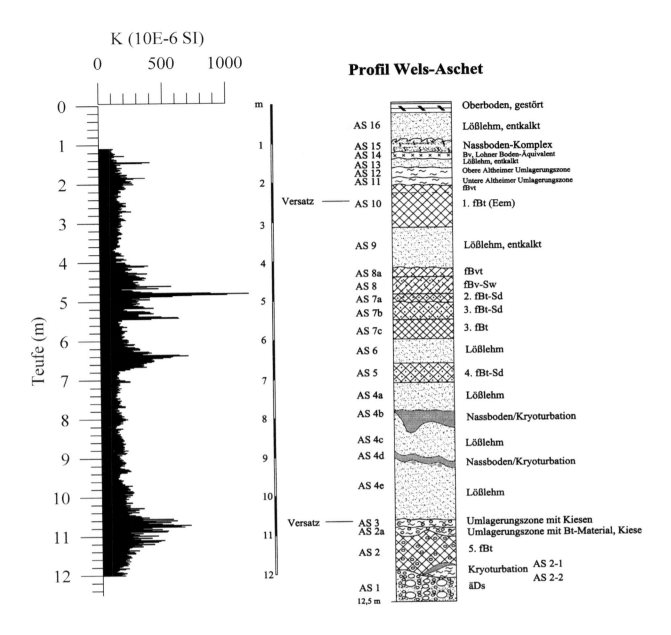

Abbildung 2: Magnetische Suszeptibilität im Profil Aschet (2003). In situ Messungen und paläopedologisches Profil aus TERHORST (2007), äDS – Älterer Deckenschotter.

Führungsschiene von Hand bzw. durch Hammerschlag in das Sediment gedrückt wurden. Die Orientierung der Proben wurde nach paläomagnetischen Routineverfahren eingemessen. Für die magnetostratigraphischen Laboruntersuchungen wurden 162 (2001) bzw. 425 (2003) orientierte Proben entnommen (Abb. 1). Der nicht erfasste Vertikalabstand zwischen einzelnen Proben beträgt zwischen 0 und 2 cm, so dass eine beinahe lückenlose Beprobung vorliegt. Die kontinuierliche in situ-Messung der magnetischen Volumensuszeptibilität im Profil (2003) erfolgte mit einem Exploranium KT-9 Kappameter (Abb. 2). Als Verhältnis der induzierten Magnetisierung im Material zur Feldstärke des Erregerfeldes (schwaches, hochfrequentes magnetisches Wechselfeld eines Suszeptibilitäts-Meßgerätes) ist die Volumensus-

zeptibilität im internationalen Maßeinheitensystem (SI) eine dimensionslose Größe.

2.2. Paläomagnetische Laboranalysen

Im Paläomagnetiklabor der Montanuniversität Leoben wurden als Bezugswert für die weiteren Untersuchungen die magnetische Volumensuszeptibilität sowie die natürliche remanente Magnetisierung an den noch unbehandelten Proben gemessen. Die Remanenzmessungen erfolgten an einem 2G-Cryogen-Magnetometer mit integrierter Wechselfeld-Abmagnetisierung, die Suszeptibilitätsmessungen an einer Kappabridge Geofyzika KLY-2.

Abbildung 3: Curie-Punkt-Bestimmung einer Probe aus dem Paläoboden AS2 (5. fossiler Bt). K … magnetische Volumensuszeptibilität der Teilprobe. Hauptträgerphase mit einem Curie-Punkt bei ca. 580°C ist Magnetit, untergeordnete Anteile von Hämatit mit 670°C. Der Anstieg der magnetischen Suszeptibilität zwischen 280°C und 350°C ist auf eine irreversible Umwandlung von Eisensulfiden oder Eisenhydroxiden zu sekundärem Magnetit während des Heizvorgangs zurückzuführen.

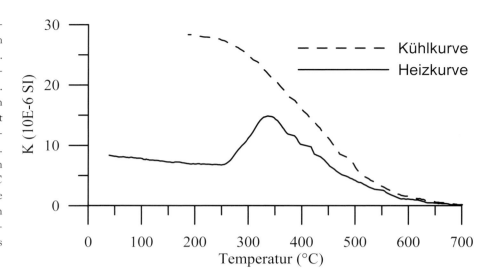

2.2.1. Charakteristische remanente Magnetisierungsrichtung

Eisenoxid-Minerale sind in faktisch allen Gesteinen in Spurenkonzentrationen enthalten. Diese Mineralphasen besitzen eine natürliche remanente Magnetisierung (NRM), die mit den Möglichkeiten moderner hochempfindlicher Magnetometer nachgewiesen werden kann (SOFFEL, 1991). Physikalische, chemische und biologische Prozesse (z.B. Kompaktion, Verwitterung, Bioturbation) können die existierende NRM verändern oder zur Entstehung weiterer Remanenzkomponenten führen. In der Regel besteht die NRM aus einer primären Komponente, die bei bzw. unmittelbar nach der Sedimentablagerung aufgeprägt wurde, sowie nachfolgend aufgenommenen sekundären Komponenten. Mit paläomagnetischen Laborverfahren können solche Komponenten isoliert werden (COLLINSON, 1983).

Die orientierten Proben wurden schrittweise bei zunehmend stärkeren magnetischen Wechselfeldern (2 bis 140 mT) sowie (ausgewählte Proben) nachfolgend bei Temperaturen von 200 bis 550°C thermisch abmagnetisiert, wobei nach jedem Reinigungsschritt die verbleibende NRM gemessen wird. Das Abmagnetisierungsverhalten gibt Hinweise auf die magnetischen Trägerminerale und ermöglicht gegebenenfalls die Trennung primärer fossiler Magnetisierungsrichtungen von sekundären Magnetisierungen, die durch magnetische Überprägung und Verwitterung entstehen.

2.2.2. Trägerminerale der magnetischen Eigenschaften

Zur Bestimmung der magnetischen Trägerminerale in den Sedimenten wurden Curiepunkt-Bestimmungen durchgeführt und das magnetische Sättigungsverhalten untersucht. Wird eine Probe im Labor einem starken magnetischen Gleichfeld ausgesetzt, entsteht in der Probe eine entsprechende Remanenz (IRM; Isothermale Re-

manente Magnetisierung). Mit zunehmender Feldstärke nimmt auch die IRM zu, bis aufgrund der magnetischen Mineralogie keine weitere Steigerung mehr möglich, und die magnetische Sättigung (SIRM) erreicht ist. Ferrimagnetische Minerale, wie zum Beispiel Magnetit und Maghämit, sind bei Feldstärken in der Größenordnung von 300 mT vollständig gesättigt. Antiferromagnetische Minerale (z.B. Hämatit) benötigen dafür Feldstärken von mehr als 2,5 T.

Die Form der Sättigungskurve ist nicht beeinflusst von der Korngröße und gibt Hinweise auf die Art der magnetischen Minerale in der Probe (VEROSUB & ROBERTS, 1995). Die Sättigungsintensität und andere magnetische Parameter und parametrische Verhältnisse können als Klimaindikatoren verwendet werden (EVANS & HELLER, 2003), da sie im Wesentlichen von der Art, Korngröße und Konzentration der magnetischen Minerale im Sediment oder Boden abhängen. Je nach Ablagerungs- bzw. Bildungsbedingungen der Sedimente und Böden wird den verschiedenen Parametern unterschiedliche Aussagekraft mit Bezug auf bestimmte sedimentologische oder klimatische Prozesse zugeschrieben. Für die vorliegende Untersuchung wurde der Parameter AF@ IRM nach LARRASOANA et al. (2003) gewählt, der als Indikator für den Hämatitanteil im Gestein gilt. Die Proben wurden zunächst einer magnetischen Sättigung bei 0,9 T ausgesetzt, und anschließend bei 100 mT im Wechselfeld abmagnetisiert. Für die verbleibende Restmagnetisierung sollte im Wesentlichen Hämatit verantwortlich sein.

2.2.3. Magnetische Gefügemessung

Als begleitende Untersuchung wurde die Anisotropie der magnetischen Suszeptibilität (AMS) gemessen, die das Gefüge der magnetischen Minerale im Gestein erfasst. Die richtungsabhängige Suszeptibilität eines Gesteins wird durch Form und Orientierung eines Suszeptibilitätsellipsoides mit den Hauptachsen K1, K2 und K3

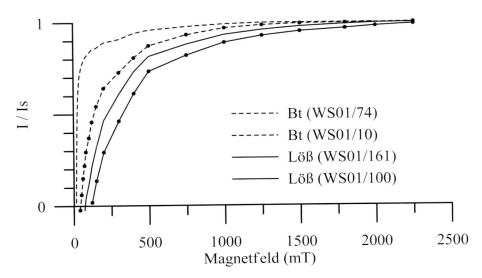

Abbildung 4: Magnetisches Sättigungsverhalten. I/Is ... Intensität der remanenten Magnetisierung (I) nach jedem Sättigungsschritt normiert auf die maximal erreichte Intensität bei 2500 mT (Is). Ein hoch-koerzitives Mineral (Hämatit) ist in allen Proben in geringen Konzentrationen vorhanden; in den Paläoböden tritt zusätzlich zumindest eine weitere niedrig-koerzitive Phase (Magnetit) auf, die bei der Bodenbildung entstanden ist (die Proben erreichen rascher die magnetische Sättigung).

entsprechend der Richtung der maximalen, intermediären und minimalen Magnetisierbarkeit repräsentiert (HROUDA, 1982). Die Achsenverhältnisse werden zur Beschreibung des Gefüges herangezogen. Die magnetische Lineation (K1/K2) ist sinngemäß Bestandteil des petrographischen Begriffes „Lineation", der alle linearen Gefügeelemente ohne Berücksichtigung ihrer Genese umfasst. Gleiches gilt für die magnetische Foliation (K2/K3) als planares Gefügemerkmal. Dominiert die Foliation über die Lineation, so ist das Suszeptibilätsellipsoid abgeplattet (oblat), bei dominanter Lineation gelängt (prolat). Aufgrund der magnetischen Anisotropie kann auf die Kräfte, die ein Gefüge erzeugen, zurück geschlossen werden (TARLING & HROUDA, 1993).

3. Resultate

3.1. Trägerminerale der magnetischen Eigenschaften

Die Curie-Punktsbestimmungen ergaben eine Hauptträgerphase mit einem Curie-Punkt bei ca. 580°C (Magnetit) sowie untergeordnete Anteile von Hämatit mit 670°C Curie-Punkt (Abb. 3). Der Anstieg der magnetischen Suszeptibilität zwischen 280°C und 350°C ist wahrscheinlich auf eine Umwandlung von Eisensulfiden oder Eisenhydroxiden zu sekundärem Magnetit oder Maghämit während des Heizvorgangs zurückzuführen (GENDLER et al., 2005). Diese Umwandlung ist irreversibel, sodass in der Kühlkurve nur die stabilen Phasen zu beobachten waren (Abb. 3). Die magnetische Sättigung (Abb. 4) gibt Hinweise auf unterschiedliche magnetische Minerale in den Lösssedimenten und Paläoböden im Profil Aschet. Proben aus den Paläoböden sind durch relativ geringe Koerzitivkraft charakterisiert und erreichen rascher die magnetische Sättigung als Proben aus Lösshorizonten. Das Sättigungsverhalten der Proben

weist auf Variationen von niedrig- und hoch-koerzitiven magnetischen Mineralen in unterschiedlichen Konzentrationsverhältnissen hin. Ein hoch-koerzitives Mineral (Hämatit) ist in allen Proben in geringen Konzentrationen vorhanden; in den Paläoböden tritt zusätzlich zumindest eine weitere niedrig-koerzitive Phase (Magnetit) auf, die bei der Bodenbildung entstanden ist.

Die Messungen der Anisotropie der magnetischen Suszeptibilität ergaben schwach anisotrope bzw. in vielen Fällen isotrope magnetische Gefüge für alle Bereiche im Profil Aschet (Abb. 5). Die Werte für die magnetischen Gefügeparameter, Lineation (L) und Foliation (F), liegen bei den meisten Proben im Bereich unter 2% (Mittelwert und Standardabweichung aus 165 Proben: L = 1,014 ± 0,018; F = 1,018 ± 0,017). Eine Vorzugsorientierung der Kmax-Richtung, die Rückschlusse auf die Paläowindrichtung erlauben würde, konnte nicht beobachtet werden.

3.2. Charakteristische Magnetisierungsrichtung

Die schrittweise magnetische Abmagnetisierung im Wechselfeld erfolgte in 6 bis 15 Schritten im Bereich zwischen 2 und 140 mT, wobei mit Rücksicht auf die mineralmagnetischen Ergebnisse vor allem der niedrige Feldbereich detailliert bearbeitet wurde, um jene Remanenzvektoren zu isolieren, die in unterschiedlichen Phasen von Magnetit residieren. Generell wurden nur geringe Einflüsse von den hochkoerzitiven Phasen auf das Abmagnetisierungsverhalten beobachtet (Abb. 6). In der Mehrzahl der Proben war die Remanenz mit der Wechselfeldentmagnetisierung bis zur völligen magnetischen Reinigung abmagnetisierbar. Dabei wurden meist zwei magnetische Phasen erfasst, die aber in den meisten Fällen dieselbe Remanenzrichtung ergaben. Einige Proben wiesen nach der Abmagnetisierung im Wechselfeld Rest-Remanenzen auf, die auf höher koerzitive Phasen (z.B. Hämatit) zurückzuführen sind. Diese Proben wurden nachfolgend thermisch bei Temperaturen von

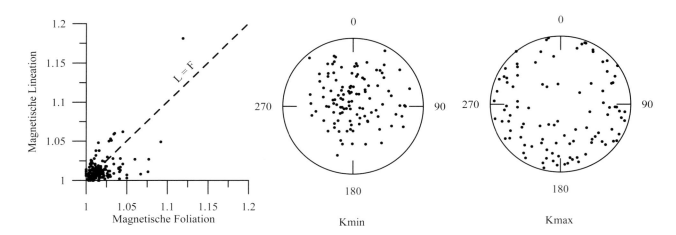

Abbildung 5: Magnetisches Gefüge (Anisotropie der magnetischen Suszeptibilität). Kmin, Kmax … Richtungen der Hauptachsen des Suszeptibilitätsellipsoides in stereographischer Projektion. Die Messungen ergaben schwach anisotrope bis isotrope magnetische Gefüge für alle Bereiche im Profil.

200°C bis 550°C abmagnetisiert (vergl. Abb. 6a, c, d, f). In allen Löss- und Bodenproben wurden ähnliche Abmagnetisierungsvektoren beobachtet. Die Mehrzahl der Proben zeigten charakteristische Remanenzrichtungen im Bereich des normalen rezenten bzw. pleistozänen Erdmagnetfeldes. In einigen Bereichen des Profils traten stark abweichende Remanenzrichtungen auf, die auf Exkursionen des Erdmagnetfeldes hinweisen, welche auch im Pleistozän mehrmals auftreten (LUND et al., 1998). Eine völlige Umpolung des Magnetfeldes als Hinweis auf die Brunhes/Matuyama-Grenze konnte aber nicht beobachtet werden.

Bis zu 90% der natürlichen remanenten Magnetisierung (NRM) im 1. fossilen Bt (AS 10) sowie im darunter liegenden Lösslehm (AS 9) waren schon bei geringen Wechselfeldstärken im Bereich von 20 mT abmagnetisiert (Abb. 6a, b). Die nachfolgende thermische Reinigung bis 550°C ergab keinen weiteren Abmagnetisierungserfolg, so dass ein Einfluss von Goethit als Träger einer rezenten Verwitterungsremanenz ausgeschlossen werden konnte. Im hangenden Abschnitt des 1. fossilen Bt (AS 10) im Übergang zur Unteren Altheimer Umlagerungszone (AS 11) waren in einem Intervall von ca. 20 cm im Profil (1,90 bis 2,10 m) stark abweichende Remanenzrichtungen zu beobachten (Abb. 6a). Ähnliche abweichende Magnetisierungsvektoren traten im unteren Abschnitt des Lösslehms AS 9 in einer Teufe von 3,60 bis 3,95 m sowie im 2. und 3. fossilen Bt (AS 7a, b) in 4,55 bis 5,34 m Teufe auf. Die Proben aus AS 7 waren durch geringfügig höhere Koerzitivkraft gekennzeichnet. Bei einer Wechselfeldstärke von 40 mT waren 80% der NRM abmagnetisiert. Die nachfolgende thermische Reinigung ergab weitere Intensitätsverluste im Temperaturintervall zwischen 500°C und 550°C, was auf Magnetit als ausschließliches Trägermineral der Remanenz hinweist (Abb. 6c, d). In den Schichten AS 4 ergaben die Abmagnetisierungen Hinweise auf ein zusätzliches magnetisches Trägermineral sowohl im Lösslehm als auch im Nassboden. Die

Wechselfeldabmagnetisierung ergab, dass nur ca. 50% der NRM an niedrig-koerzitive magnetische Phasen gebunden waren (Abb. 6e), die verbleibende Intensität der NRM konnte beim ersten thermischen Reinigungsschritt (200°C) entfernt werden (Abb. 6f). Dieses Verhalten wird als Hinweis auf Goethit interpretiert. Die Proben aus dem 5. fossilen Bt (AS2) waren bezüglich ihres Abmagnetisierungsverhaltens vergleichbar mit dem 2. fossilen Bt. Der Großteil der NRM konnte bei Wechselfeldstärken bis 40 mT abmagnetisiert werden (Abb. 6g, h). Im gesamten unteren Teil des Profils, zwischen AS 1 und AS 6, waren vorwiegend „normale" charakteristische Remanenzrichtungen zu beobachten, während abweichende Magnetisierungsvektoren nur in wenigen Proben aus zwei Teufenabschnitten (bei ca. 9,5 m und ca. 11,6 m) auftraten.

3.3. Variation der magnetischen Parameter im Profil

Magnetische Suszeptibilität, Intensität der NRM, Sättigungsintensität und der als Hämatitindikator verwendete Parameter AF@IRM (LARRASOANA et al., 2003) zeigen signifikante Variationen im Profil. Das während der Probennahme Insitu aufgenommene kontinuierliche Suszeptibilitäts-Profil (Abb. 2) und die Messungen an den Proben (Abb. 7) zeigen einen engen Zusammenhang der magnetischen Suszeptibilität mit den lithologischen Verhältnissen, wobei die Paläoböden generell als Bereiche erhöhter Suszeptibilität bei gleichzeitig großer Variation der Suszeptibilitätswerte hervortreten. Die Suszeptibilitätswerte für Lösslehm (ca. 150.10-6 SI) repräsentieren den magnetischen Hintergrundwert des Sediments, während die Werte in den Paläoböden durch Magnetit-Neubildung während der Pedogenese bis zu zehnfach erhöht sind. Die Werte der Intensität der NRM und SIRM folgen weitgehend demselben Trend. Innerhalb der Lössanteile des Profils zeigt der Hämatitindikator

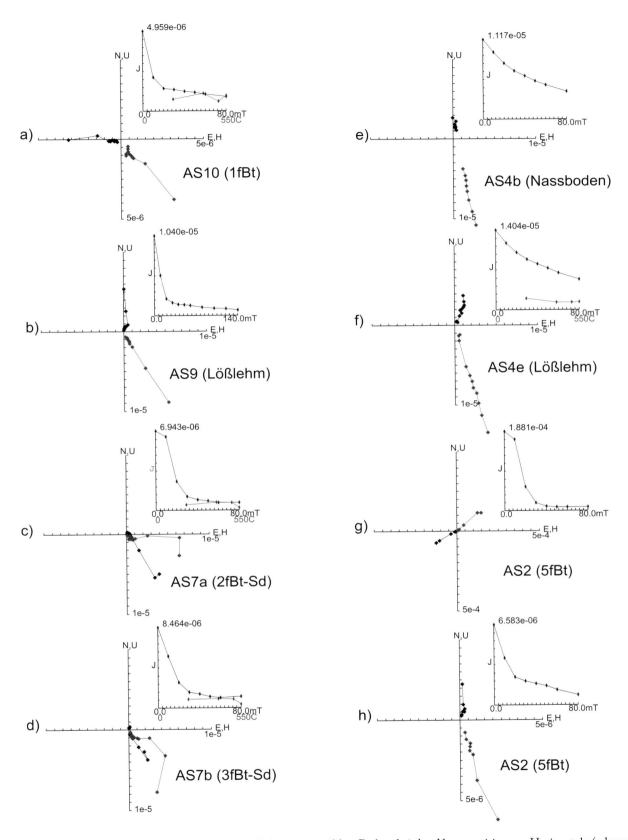

Abbildung 6: Vektordiagramme und Intensitätsverhalten ausgewählter Proben bei der Abmagnetisierung. Horizontale (schwarz) und vertikale (rot) Projektion der Remanenzvektoren, sowie Intensitätsverlauf bei der Wechselfeld- (blau) und thermischen (rot) Reinigung. Alle Intensitätsangaben in A/m. Abmagnetisierung im Wechselfeld in 6 bis 15 Schritten im Bereich zwischen 2 und 140 mT, nachfolgende thermische Abmagnetisierung bei Temperaturen von 200°C bis 550°C (a, c, d, f). Die Mehrzahl der Proben zeigten charakteristische Remanenzrichtungen im Bereich des normalen rezenten bzw. pleistozänen Erdmagnetfeldes (b, e, f, h). In einigen Bereichen des Profils traten stark abweichende Remanenzrichtungen auf die auf Exkursionen des Erdmagnetfeldes hinweisen (a, c, d, g).

AF@IRM ein ähnliches Verhalten wie die anderen magnetischen Parameter. Im Gegensatz dazu ist aber in den Paläoböden keine Erhöhung der AF@IRM-Werte zu beobachten. Dies bestätigt die Annahme, dass die erhöhten Werte der Suszeptibilität, NRM und SIRM in den Paläoboden vorwiegend auf höhere Magnetitgehalte zurückzuführen sind.

Der intensiv rötlich verwitterte Paläoboden im basalen Abschnitt des Profils (12 m - 11 m) mit dem höchsten Tonanteil im Profil repräsentiert zumindest ein Interglazial und ist geringfügig durch Kryoturbation gestört (TERHORST, 2007). In diesem Bereich (AS 2) sind die Suszeptibilitätswerte generell erhöht. Ein Suszeptibilitäts- und SIRM-Maximum bei 11,475 m und abweichende Remanenzrichtungen könnten auf eine kurzzeitige Exkursion des Erdmagnetfeldes während der Bodenbildung oder während einer nachfolgenden intensiven Verwitterungsphase hinweisen (Abb. 6g, 7). Im darüber liegenden, 4 m mächtigen Lösslehm-Komplex (AS 4a - 4e) weist insbesondere die Sättigungsmagnetisierung auf einen erhöhten Magnetitanteil in den beiden graubraunen, kryoturbat überprägten Nassböden hin. Bei 9,525 m ist eine Indikation für eine magnetische Exkursion zu beobachten. Im intensiv pseudovergleyten, dunkel gelbbraunen Bt-Sd-Horizont (AS 5) zwischen ca. 7 m und 6,6 m zeigen nur einzelne Proben erhöhte magnetische Suszeptibilität, während die darüber folgende geringmächtige, ungegliederte Lösslehmschicht AS 6 (6,6 m - 6 m) durch signifikant erhöhte Suszeptibilitätswerte charakterisiert ist. Auch innerhalb des mehrfach gegliederten Pedokomplexes AS 8a - 7c (6 m bis ca. 4,2 m) mit gräulich gefärbten reduzierten Bereichen entlang von deutlich entwickelten Wurzelbahnen (TERHORST, 2007) zeigen erhöhte Suszeptibilitäts- und SIRM-Werte (Abb. 7) teilweise intensive Magnetitbildung an, die in Abhängigkeit von der Verfügbarkeit organischer Substanz lokal stark variieren kann. In diesem Pedokomplex ist über einen längeren Profilabschnitt eine magnetische Exkursion zu beobachten, wobei die Magnetisierungsrichtungen im unteren Teil (AS 7b) auf eine mögliche zusätzliche Untergliederung hinweisen.

4. Diskussion

Sättigungsintensität und magnetische Suszeptibilität variieren im Profil sehr stark in Abhängigkeit von den unterschiedlichen lithologischen Horizonten (Abb. 7). Es treten mehrere Horizonte mit stark erhöhten Suszeptibilitätswerten auf, die auf höhere Konzentrationen von feinkörnigem Magnetit zurückzuführen sind. Solche Horizonte weisen auf klimatisch gesteuerte in-situ Bildungen bei relativ warm-feuchten Klimaverhältnissen hin. Untersuchungen an Lössprofilen in China ergaben, dass Paläoboden-Horizonte immer durch hohe magnetische Suszeptibilität und hohe Sättigungsintensität charakterisiert sind (HELLER & LIU, 1984; HUNT et al., 1995). EVANS & HELLER, 1994 gelang der Nachweis, dass die magnetischen Eigenschaften auf Magnetit und Pyrrhotin

zurückzuführen sind, die durch Bodenbildungsprozesse entstanden waren. Für den Versuch einer chronostratigraphischen Zuordnung wird die magnetische Suszeptibilität von Profilabschnitten als Klimaindikator verwendet und mit der Sauerstoff-Isotopenkurve (z.B. nach LISIECKI & RAYMO, 2005) verglichen. Für die chronostratigraphischen Zuordnungen im Profil Aschet bei Wels (Abb. 8) wurden aktuelle Zusammenstellungen der bislang international anerkannten beobachteten Exkursionen innerhalb des Brunhes-Chron (LAJ & CHANNEL, 2007; LANGEREIS et al., 1997; SINGER et al., 2008) verwendet. Geomagnetische Exkursionen stellen kurzzeitige Abweichungen vom normalen Erdmagnetfeld dar, die als einzeitige Phänomene überregional beobachtet werden können (SINGER et al., 2008) und eignen sich daher für die chronostratigraphische Korrelation. Magnetische Exkursionen bzw. Polumkehr innerhalb des als stabil angenommenen Brunhes-Chrons wurden erstmals in Laven im französischen Zentralmassiv (Laschamp, ca. 40 ka) entdeckt (BONHOMMET & BABKINE, 1967). Seither wurden weltweit zahlreiche magnetische Exkursionen in Sedimenten und Vulkaniten beschrieben, deren Existenz und chronostratigraphische Alterszuordnung nicht in jedem Fall außer Zweifel steht. Die aktuellen Zusammenstellungen verschiedener Autoren unterscheiden sich in erster Linie hinsichtlich der Bewertung der Relevanz von Daten aus ODP-Bohrkernen sowie der Bedeutung unabhängiger geochronologischer Datierungen der untersuchten Gesteine (LAJ & CHANNEL, 2007). Nach LUND et al. (1998) sind insgesamt 15 magnetische Exkursionen innerhalb des Brunhes-Chrons in ODP-Kernen zu beobachten. Die Geomagnetische Instabilitäts-Zeitskala (GITS) von LANGEREIS et al. (1997) umfasst 12 Exkursionen (Abb. 8: (a)), von denen 6 als „gut datierte, global beobachtete" Exkursionen bezeichnet werden (Abb. 8: (b)). Nach SINGER et al. (2008) sind alle Exkursionen zu berücksichtigen, die durch Ar-Ar Datierungen von Vulkaniten radiometrisch oder mittels O-Isotopen in Sedimenten astronomisch datiert wurden (Abb. 8: (c)). Demgegenüber werden von LAJ & CHANNEL (2007) nur jene sieben Exkursionen in die GITS einbezogen, für die weltweite Belege und entsprechend präzise Altersdatierungen vorliegen (Abb. 8: (d)): Mono Lake (33 ka), Laschamp (40 ka), Blake (120 ka), Iceland Basin (188 ka), Pringle Falls (211 ka), Big Lost (560-580 ka) und Stage 17 (670 ka).

Die hier vorgestellte Korrelation der magnetischen Parameter beruht auf einer Interpretation der Sedimentations- und Bodenbildungsphasen im Ablagerungsraum auf Basis des paläopedologischen Profils (TERHORST, 2007). Die magnetischen Parameter zeigen eine Folge von Bereichen mit intensiver Magnetitbildung im Boden, erkennbar an der hohen magnetischen Suszeptibilität und Sättigungsmagnetisierung (vgl. Abb. 7), die dem relativ wärmeren Klima von Interglazialen zugeordnet werden können. Der Trend der magnetischen Suszeptibilität zeigt in einigen Abschnitten im Profil auffallende Übereinstimmung mit der Sauerstoff-Isotopenkurve. Extremwerte der magnetischen Suszeptibilität treten jeweils im

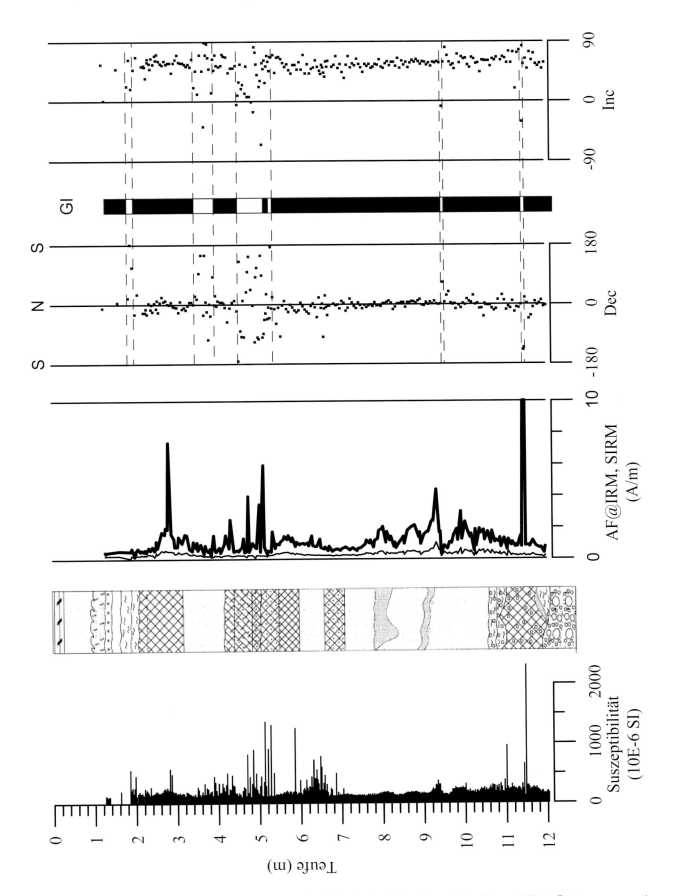

Abbildung 7: Magnetische Parameter der Proben aus dem Profil Aschet bei Wels. Magnetische Suszeptibilität, Sättigungsmagneti-sierung (SIRM: fett) und Rest-Remanenz nach Abmagnetisierung im Wechselfeld (AF@IRM), Deklination (Dec) und Inklination (Inc) der charakteristischen Remanenzkomponente. S … Süd, N … Nord. GI … Geomagnetische Instabilität (schwarz: stabile Nordrichtung, weiß: magnetische Exkursion bzw. Umpolung).

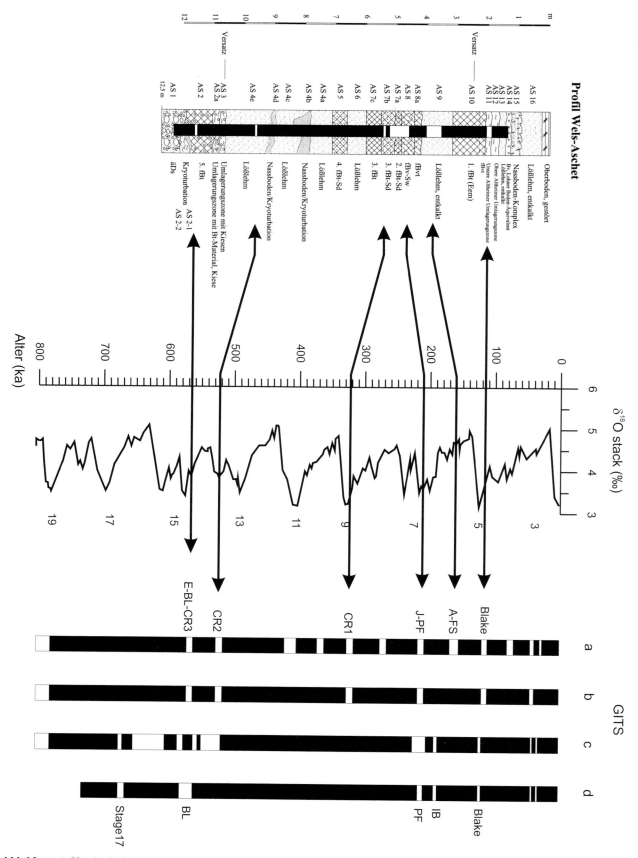

Abbildung 8: Vergleich der magnetischen Parameter im Profil Aschet bei Wels mit chronostratigraphischen Referenzdaten: Sauerstoffisotopen (nach Lisiecki & Raymo, 2005) und Geomagnetic Instability Time Scale (GITS; (a) und (b) nach Langereis et al., 1997, (c) nach Singer et al., 2008, (d) nach Laj & Channel, 2007). Bezeichnung der Exkursionen bzw. Umpolungen nach Fundorten: Albuquerque (A), Fram Strait (FS), Iceland Basin (IB), Pringle Falls (PF), Calabrian Ridge (CR), Emperor (E), Big Lost (BL). Paläopedologisches Profil aus Terhorst (2007).

Bereich der Paläoböden (1.fBt bis 5.fBt) auf. Sowohl im Bereich der Paläoböden, als auch in Lösssedimenten sind Hinweise auf kurzzeitige geomagnetische Exkursionen zu beobachten.

Der Entstehungszeitraum für die Älteren Deckenschotter (Abbildung 3, AS 1) wird aufgrund pedostratigraphischer Ergebnisse in das Marine Isotopenstadium MIS 16 gestellt (Terhorst, 2007). Dies steht im Einklang mit den Ergebnissen von van Husen (2000), der aufgrund stratigraphischer und paläogeographischer Studien zu diesem Ergebnis kommt. Die Kiese der Terrassenkörper sind für paläomagnetische Untersuchungen generell nicht geeignet. Über den Älteren Deckenschottern ist zwischen 11 und 12 m im Profil ein Paläoboden (AS 2) entwickelt, der mindestens ein Interglazial repräsentiert und im untersten Abschnitt bei 11,6 m im Profil eine magnetische Exkursion enthält. Die Bodenbildungsphase könnte in das MIS 15 gestellt werden, an dessen Ende die geomagnetische Exkursion E-BL-CR3 (Emperor - Big Lost - Calabrian Ridge 3; 570-560 ka) auftritt. Über dem Paläoboden kamen umgelagerte, kiesführende Schichten (AS 3, AS 2a) zur Ablagerung. Der mächtige Lösslehm (AS 4) darüber enthält eine weitere magnetische Exkursion im Bereich unter einem Nassboden (AS 4d) bei 9,5 m im Profil, für deren Alterstellung zwei Modelle zu dikutieren sind. Wird die Exkursion mit Calabrian Ridge 2 (CR2; 525-515 ka; Langereis et al., 1997) bzw. West Eifel 5 (528 ± 16ka; Singer et al., 2008) im MIS 14 korreliert, ergibt sich daraus, dass die Löss-Sedimentation (AS 4 und AS 5) insgesamt zwei Glaziale, MIS 14 und MIS 12, umfasst und eine Erosionsdiskordanz im AS 4 die Bodenbildung des MIS 13 beseitigt hat. Das alternative Modell für diesen Profilabschnitt wäre, dass der stärker verwitterte Paläoboden AS 2 wie in vergleichbaren Profilen in China (Vandenberghe, 2000) zwei Bodenbildungsphasen (MIS 13 und MIS 15) repräsentiert und aus dem Glazial MIS 14 kaum Sedimente erhalten sind, bzw. von der nachfolgenden Pedogenese komplett überprägt wurden. Damit wäre der gesamte Lösslehm der Schichten AS 4a-e nur einem Glazial (MIS 12) zuzuordnen, und die beobachtete Exkursion im AS4e mit einer von Worm (1997) als „Emperor" bezeichneten und einem Alter von 469 ka zugeordneten Exkursion im MIS 12 zu korrelieren.

Im Lösslehm AS 4a hat sich ein Paläoboden (AS 5) entwickelt, der in das MIS 11 gestellt werden kann. Die nachfolgende Sedimentationsphase im MIS 10 umfasst den geringmächtigen ungegliederten Lösslehm (AS 6) bei 6,6 bis 6,0 m im Profil und den im MIS 9 daraus entwickelten Paläoboden (AS 7b-AS7c) in dessen oberstem Bereich bei 5,4 m im Profil eine magnetische Exkursion auftritt, die dem CR1 (Calabrian Ridge 1; 325-315 ka) korreliert werden kann. Diese Horizonte lassen sich durch eine deutliche Erosionsdiskordanz und eine Korngrößenveränderung deutlich von dem darüber liegenden Bodenhorizont AS 7a unterscheiden (Terhorst, 2007). Die Löss-Sedimente aus dem MIS 8 wurden während der nachfolgenden Bodenbildungsphase im MIS 7 vollständig überprägt, sodass nur ein gegliederter Pedokomplex (AS 7a-AS 8a) bei 5,0 bis 4,2 m im Profil erhalten ist. Im unteren Teil dieses Profilabschnitts sind zusätzlich zu der paläomagnetischen Information über die Bodenbildungsphase im MIS 7 mit der Exkursion J-PF (Jamaica - Pringle Falls; 215-205 ka) auch noch Reste der remanenten Magnetisierung des ursprünglichen Löss-Sediments in einer hoch-koerzitiven magnetischen Phase erhalten, die ebenfalls von der Nord-Richtung abweichende magnetische Vektorrichtungen ergeben.

Darüber folgt ein weiterer Lösslehm (AS 9), der im MIS 6 abgelagert wurde und bei 4,0 bis 3,5 m im Profil eine magnetische Exkursion beinhaltet, die mit der A-FS Exkursion (Albuquerque - Fram Strait; 165-155 ka) korreliert werden kann. Der oberste interglaziale Boden im Profil Aschet (AS 10) lässt sich aufgrund seiner paläopedologischen Merkmale sowie der Überlagerung mit würmzeitlichen Sedimenten ins Eem (MIS 5,5) einstufen. Für die magnetische Exkursion in der Unteren Altheimer Umlagerungszone (AS 11) bei 2,0 m im Profil kann aufgrund von Datierungen in vergleichbaren Profilen ein Alter von ca. 110 ka vorausgesetzt werden, da diese Sedimente eemzeitliches Bodensediment enthalten. Die Entstehung der Umlagerungszone steht in Zusammenhang mit der einsetzenden Klimaverschlechterung im ausgehenden Eem, deshalb wird an dieser Stelle die Umlagerungszone chronostratigraphisch mit dem Auftreten der Blake-Exkursion (120-110 ka) korreliert.

Aufgrund der oben angeführten sedimentologischen Überlegungen können die im Profil Aschet beobachteten Exkursionen den Exkursionen Blake (120-110 ka), A-FS (Albuquerque - Fram Strait; 165-155 ka), J-PF (Jamaica - Pringle Falls; 215-205 ka), CR1 (Calabrian Ridge 1; 325-315 ka) und E-BL-CR3 (Emperor - Big Lost - Calabrian Ridge 3; 570-560 ka) der geomagnetischen Referenzzeitskala nach Langereis et al. (1997) gleichgesetzt werden (Abb. 8). Für die Exkursion im Lösskomplex (AS4e) stehen je nach verwendeter Referenzzeitskala Zuordnungen zu CR2 (Calabrian Ridge 2; 525-515 ka), West Eifel 5 (528 ± 16ka) oder dem wesentlich jüngeren „Emperor" (469 ka; nach Worm, 1997) in Diskussion. Die Brunhes/Matuyama-Grenze (776 ka) wurde nicht erreicht.

5. Danksagung

Die paläomagnetische Untersuchung wurde auf Initiative von Prof. Dirk van Husen mit finanzieller Unterstützung der Kommission für Quartärforschung der Österreichischen Akademie der Wissenschaften durchgeführt. Für die Unterstützung bei den Geländearbeiten bedanken wir uns bei Dr. Karl Stingl und Dr. Jürgen Reitner.

6. Literatur

Bibus, E., 1990. Das Mindestalter des „Jüngeren Deckenschotters" des Rheins bei Basel aufgrund seiner Deckschichten in der Ziegelei Allschwil. — Jh. geol. L.-Amt Baden-Württ., 14:223–234.

BONHOMMET, N. & BABKINE, J., 1967. Sur la presence d'aimentation inverse dans la Chaine des Puys. — Comptes Rendus Hebdomadaires des Seances de l'Academie des Sciences, Series B, **264**:92–94.

CHEN, T., XU, H., XIE, Q., CHEN, J., JI, J. & LU, H., 2005. Characteristics and genesis of maghemite in Chinese loess and paleosols: Mechanism for magnetic susceptibility enhancement in palaeosols. — Earth Planetary Science Letters, **240**:790–820.

COLLINSON, D.W., 1983. Methods in rock magnetism and palaeomagnetism. Techniques and instrumentation. — Chapman & Hall, London, 503 S.

DEKKERS, M.J., 1997. Environmental magnetism: an introduction. — Geologie en Mijnbouw, **76**:163-182.

DEUTSCHE STRATIGRAPHISCHE KOMMISSION, (Hrsg.), 2002. Stratigraphische Tabelle von Deutschland 2002. — Senckenberg, Frankfurt,

DOPPLER, G. & JERZ, H., 1995. Untersuchungen im Alt- und Ältestpleistozän des bayerischen Alpenvorlands – Geologische Grundlagen und stratigraphische Ergebnisse. — Geologica Bavarica, **99**:7–53.

ELLWANGER, D., BIBUS, E., BLUDAU, W., KÖSEL, M. & MERKT, J., 1995. Baden-Württemberg. — [in:] BENDA, L. (Hrsg.). Das Quartär Deutschlands, 255-295. Bornträger, Stuttgart.

EVANS, M.E. & HELLER, F., 1994. Magnetic enhancement and paleoclimate: study of a loess/paleosol couplet across the Loess Plateau of China. — Geophys. J. Int., **117**:257–264.

EVANS, M.E. & HELLER, F., 2003. Environmental Magnetism – Principles and Applications of Enviromagnetics. — Academic Press, Amsterdam.

FINK, J., FISCHER, H., KLAUS, W., KOCI, A., KOHL, H., KUKLA, J., LOZEK, V., PIFFL, L. & RABEDER, G., 1976. Exkursion durch den österreichischen Teil des Nördlichen Alpenvorlandes und den Donauraum zwischen Krems und Wiener Pforte. — Mitt. Komm. Quartärforsch. Österr. Akad. Wiss., **1**:31 S., Wien.

GENDLER, T.S., SHCHERBAKOV, V.P., DEKKERS, M.J., GAPEEV, A.K., GRIBOV, S.K. & MCCLELLAND, E., 2005. The lepidocrocite-maghemite-haematite rection chain-I. Acquisition of chemical remanent magnetization by maghemite, its magnetic properties and thermal stability. — Geophys. J. Int., **160**:815–832.

HABBE, K.A., 2003. Gliederung und Dauer des Pleistozäns im Alpenvorland, in Nordwesteuropa und im marinen Bereich – Bemerkungen zu einigen neueren Korrelierungsversuchen. — Z. dt. geol. Ges., **154**:171–192.

HELLER, F. & LIU, T.S., 1984. Magnetism of Chinese loess deposits. — Geophys. J. R. Astron. Soc., **77**:125–141.

HROUDA, F., 1982. Magnetic anisotropy of rocks and its application in geology and geophysics. — Geophys. Surv., **5**:37–82.

HUNT, C.P., BANERJEE, S.K., HAN, J., SOLHEID, P.A., OCHES, E., SUN, W. & LIU, T.-S., 1995. Rock-magnetic proxies of climate change in the loess-paleosol

sequences of the western Loess Plateau of China. — Geophys. J. Int., **123**:232–244.

KOHL, H., 2000. Das Eiszeitalter in Oberösterreich. – 429 S., Linz (Oberösterreichischer Museal-Verein).

KOHL, H. & KRENMAYER, H.G., 1997. Geologische Karte der Republik Österreich, 1:50.000, Erläuterungen zu Blatt 49 Wels — Wien, 77 S.

LAJ, C. & CHANNEL, J.E.T., 2007. Geomagnetic excursions. — [in:] Treatise on Geophysics, Vol. 5, Elsevier, Amsterdam.

LANGEREIS, C.G., DEKKERS, M.J., DE LANGE, G.J., PATERNE, M. & VAN SANTVOORT, P.J.M., 1997. Magnetostratigraphy and astronomical calibration of the last 1.1 Myr from a Central Mediterranean piston core and dating of short events in the Brunhes. — Geophys. J. Int., **129**:75–94.

LARRASOANA, J.C., ROBERTS, A.P., ROHLING, E.J., WINKLHOFER, M. & WEHAUSEN, R., 2003. Three million years of monsoon variability over the northern Sahara. — Climate Dynamics, **21**:689–698.

LISIECKI, L.E. & RAYMO, M.E., 2005. A Pliocene-Pleistocene stack of 57 globally distributed benthic $\delta^{18}O$ records. — Paleoceanography, **20**:1–17.

LOURENS, L.J., 2004. Revised tuning of Ocean Drilling Program Site 964 and KC01B (Mediterranean) and implications for the $\delta^{18}O$, tephra, calcareous nanno-fossil, and geomagnetic reversal chronologies of the past 1.1 Myr. — Paleoceanography, **19** (PA3010), doi:1029/2003PA000997.

LUND, S.P., ACTON, G., HASTEDT, M., OKADA, M. & WILLIAMS, T., 1998. Geomagnetic field excursions occurred often during the last million years. — EOS, **79**, 14:178–179.

MAHER, B., 1998. Magnetic properties of modern soils and Quaternary loessic paleosols: paleoclimatic implications. — Palaeogeography, Palaeoclimatology, Palaeoecology, **137**:25–54.

PENCK, A. & BRÜCKNER, E., 1909. Die Alpen im Eiszeitalter. Bd. 1, 393 S., Tauchnitz, Leipzig,

PILLER, W.E., EGGER, H., ERHART, C.W., GROSS, M., HARZHAUSER, M., HUBMANN, B., VAN HUSEN, D., KRENMAYR, H.-G., KRYSTYN, L., LEIN, R., LUKENEDER, A., MANDL, G.W., RÖGEL, F., ROETZEL, R., RUPP, C., SCHNABEL, W., SCHÖNLAUB, H.P., SUMMESBERGER, H., WAGREICH, M. & WESSELY, G., 2004. Die stratigraphische Tabelle von Österreich 2004 (sedimentäre Schichtfolgen). — Komm. paläont. u. strat. Erforschung Österreichs der ÖAW und Österr. Strat. Komm., Wien.

SINGER, B.S., HOFFMAN, K.A., SCHNEPP, E., GUILLOU, H., 2008. Multiple Brunhes Chron excursions recorded in the West Eifel (Germany) volcanics: Support for long-held mantle control over the non-axial dipole field. — Phys. Earth Planet. Intern., **169**:28–40.

STREMME, H., ZÖLLER, L. & KRAUSE, W., 1991. Bodenstratigraphie und Thermoluminiszenz-Datierungen für das Mittel- und Jungpleistozän des Alpenvorlandes. — Sonderveröff. Geol. Inst. Univ. Köln, Festschr. K. Brunnacker, **82**:301–315.

Soffel, H., 1991. Paläomagnetismus und Archäomagnetismus. — Springer, Berlin, 276 S.

Tarling, D.H. & Hrouda, F., 1993. The Magnetic Anisotropy of Rocks. — Chapman & Hall, London, 217 S.

Terhorst, B., 2007. Korrelation von mittelpleistozänen Löss-/Paläobodensequenzen in Oberösterreich mit einer marinen Sauerstoffisotopenkurve. — Quaternary Science Journal, 56:26–39.

Terhorst, B., Frechen, M. & Reitner, J., 2002. Chronostratigraphische Ergebnisse aus Lössprofilen der Inn- und Traun-Hochterrassen in Oberösterreich. — Z. Geomorph., 127:213–232.

Terhorst, B., Ottner, F. & Holawe, F., dieser Band. Pedostratigraphische, sedimentologische, mineralogische und statistische Untersuchungen an den Deckschichten des Profils Wels/Aschet (Oberösterreich). — Mitt. Komm. Quartärforsch. Österr. Akad. Wiss., 19:13–35, Wien.

Thompson, R. & Oldfield, F., 1986. Environmental Magnetism. — Allen & Unwin Ltd., London, 227 S.

Thouveny, N., Beaulieu de, J.L., Bonifay, E., Creer, K.M., Guiot, J., Icole, M., Johnsen, S., Jouzel, J., Reille, M., Williams, T. & Williamson, D., 1994. Climate variations in Europe over the past 140 kyr deduced from rock magnetism. — Nature, 371:503–506.

Vandenberghe, J., 2000. A global perspective of the European chronostratigraphy for the past 650 ka. — Quaternary Science Reviews, 19:1701–1707.

van Husen, D., 2000. Geological processes during the Quaternary. — Mitt. Österr. Geol. Ges., 92:135–156.

Verosub, K.L. & Roberts, A.P., 1995. Environmental magnetism: Past, present, and future. — J. Geophys. Res., 100:2175–2192.

Worm, H-U., 1997. A link between geomagnetic reversals and events and glaciations. — Earth Planetary Science Letters, 147:55–67.

Zollinger, G., 1991. Zur Landschaftsgenese und Quartärstratigraphie im südlichen Oberrheingraben – am Beispiel der Lössdeckschichten der Ziegelei Allschwil (Kanton Basel-Land). — Eclogae Geol. Helv., 84:739–752.

Mitt. Komm. Quartärforsch. Österr. Akad. Wiss., **19**:63–70, Wien 2011

Chronologische Einordnung des Lössprofils Wels auf der Basis von Lumineszenzdatierungen

by

Frank Preusser[1] & Markus Fiebig[2]

PREUSSER, F. & FIEBIG, M., 2011. Chronologische Einordnung des Lössprofils Wels auf der Basis von Lumineszenzdatierungen. — Mitt. Komm. Quartärforsch. Österr. Akad. Wiss., **19**:63–70, Wien.

Kurzfassung

Auf der Basis einer Kombination von Lumineszenzdatierungen und Korrelation mit anderen, langen Paläoklimaprofilen wird ein Altersmodell für die Löss/Paläobodensequenz in Wels (Oberösterreich) präsentiert. Nach diesem Modell bildet sich das marine Isotopenstadium 7 (MIS 7) im Profil durch drei Parabraunerden (Luvisole) ab. Dieser Befund steht im Widerspruch zur Vorstellung, dass sich solche Böden in Mitteleuropa nur ca. alle 100.000 Jahre, entsprechend der astronomischen Periodizität, bilden könnten. Die physikalischen Datierungen werfen damit Fragen für die Quartärstratigraphie im Alpenvorland auf.

Summary

An age model for the loess/palaeosol sequence at Wels (Upper Austria) is presented based on luminescence dating and correlation with long palaeoclimate archives. Marine Isotope Stage 7 (MIS 7) is according to the elaborated age model reflected by the development of three red forest soils (luvisols). This feature is in contrast to the assumption hat such soils developed in Middle Europe only every 100.000 years, in concert with the periodicity of astronomical forcing. The results of physical dating query the established Quaternary stratigraphy of the alpine foreland.

1. Einleitung

Das Lössprofil von Wels stellt ein wichtiges Archiv für die Gliederung des Eiszeitalters im Alpenraum dar. Eine unabhängige zeitliche Zuordnung der Abfolge ist somit wünschenswert. Dieses ist mittels der Lumineszenzmethode möglich, die z.B. bei PREUSSER (2004a) und PREUSSER et al. (2008) im Detail erläutert ist. Die Datierungen am Profil Wels mittels Lumineszenz wurden bereits von PREUSSER & FIEBIG (2009) in englischer Sprache beschrieben. Basierend auf diesen Ergebnissen wird eine unabhängige Chronologie für das Profil vorgestellt und im Vergleich mit anderen Klimaarchiven und der chronologischen Interpretation des Profils durch TERHORST (2007) diskutiert. Im vorliegenden Artikel werden die Implikationen der hier vorgestellten Chronologie der Deckschichten des Profils Wels, zusammen mit anderen Befunden, für die Gliederung des Eiszeitalters im Alpenvorland erläutert.

2. Profilgliederung und bisherige Altersvorstellungen

Das Profil Wels lässt sich grob in sechs Haupteinheiten untergliedern (Abb. 1, vgl. TERHORST, 2007). Die Basis wird durch Schotter aufgebaut, die als glaziofluviale Sedimente der Günz-Eiszeit interpretiert werden (KOHL, 1976). Im obersten Teil sind die Schotter stark verwittert, was als ausgeprägte warmzeitliche Bildung gedeutet wird. Darüber lagert ein unteres Lösspaket, auf welches ein unterer Bodenkomplex folgt, der aus Bt-Resten von drei Parabraunerden aufgebaut wird. Zwischen den beiden unteren Böden ist ein geringmächtiges Lösspaket eingeschaltet. Auf den Bodenkomplex folgen ein mittleres Lösspaket, ein oberer Bodenkomplex und ein oberes Lösspaket. Der obere Bodenkomplex baut sich aus dem Rest einer Parabraunerde (Bt) an der Basis und zwei Horizonten mit umgelagerten Schwarzerdenresten im oberen Teil auf. Aufgrund seiner Position und seines Aufbaus wird der obere Bodenkomplex als Bildung

[1] PD Dr. Frank PREUSSER, Institut für Geologie, Universität Bern, Baltzerstrasse 1+3, CH-3012 Bern, Schweiz, e-mail: frank.preusser@geo.unibe.ch

[2] Prof. Dr. Markus FIEBIG, Universität für Bodenkultur, Institut für Angewandte Geologie, Peter Jordan Strasse 70, A-1190 Wien, Österreich, e-mail: markus.fiebig@boku.ac.at

des letzten Interglazials (Eem) und des Frühwürms interpretiert (TERHORST, 2007). Ähnliche Abfolgen sind z.B. aus den Lössprovinzen in Mähren und der Slowakei bekannt und dort ist diese Korrelation durch Lumineszenzdatierungen bestätigt worden (FRECHEN et al., 1999; ZANDER, 1999). Demnach entspricht das obere Lösspaket der Würmeiszeit und eine Korrelation des mittleren Lösspakets mit der Riss-Eiszeit liegt nahe. Der untere Profilteil fällt demnach in den Zeitraum zwischen Günz und Riss. Für diesen Zeitraum liegen bisher aus dem Gebiet der Alpen nur sehr wenige Datierungen von Sedimenten vor und die Chronologie ist kontrovers (ELLWANGER et al., 1995; JERZ, 1995; VAN HUSEN, 2000; KUKLA, 2005). Tentativ wird die Günz-Eiszeit in Norditalien mit dem Marinen Isotopen Stadium (MIS) 22 korreliert (870 ka), welches als Beginn der großen globalen Vergletscherungen interpretiert wird (MUTTONI et al., 2003). Nach RAYMO (1997) und VAN HUSEN (2000) soll das Günz dem MIS 16 entsprechen (ca. 620 ka). Diese Korrelation basiert auf der Annahme, dass das maximale globale Eisvolumen, wie es aus der Sauerstoffisotopie mariner Kerne rekonstruiert wird, mit den Maxima der alpinen Vergletscherungen gleich zu setzten ist. Ein etwas höheres Alter erwartet JERZ (1995), nach dem das Günz gerade jünger als die Brunhes/Matuyama Grenze (780 ka) sein soll. Nach ELLWANGER et al. (1995) ist der Günz-Komplex älter als der Jaramillo-Event (ca. 910-980 ka) innerhalb der Matuyama-Epoche; das erwartete Alter liegt bei ca. 1,2 Ma. Ein erster Versuch einer direkten Datierung von Günz-Schottern mittels ^{10}Be/^{26}Al ("burial dating") erbrachte ein Alter von 2,35 ± 1,08 Ma (HÄUSELMANN et al., 2007). Neben dem großen analytischen Fehler ist hierbei die noch fehlende Erfahrung mit dieser Methode zu bedenken (vgl. DEHNERT & SCHLÜCHTER, 2008), so dass eine Bewertung dieser Datierungen derzeit noch sehr vorsichtig durchgeführt werden sollte.

3. Methodik

Für die methodischen Grundlagen der Lumineszenz-methode wird auf PREUSSER et al. (2008) verwiesen. Im vorliegenden Fall wurde die akkumulierte Dosis mittels Infrarot Stimulierter Lumineszenz (IRSL) unter Verwendung des Einzel-Aliquot Regenerative Dosis Verfahrens an polymineralischem Feinkorn ermittelt. Die Einzelheiten des Messverfahrens und eine ausführliche Diskussion der Belastbarkeit der physikalischen Datierungen findet sich in PREUSSER & FIEBIG (2009).

4. Datierungsergebnisse und deren Diskussion

Für die beiden Proben aus dem oberen Teil der Abfolge wurden Alter von 53 ± 7 ka (W11) und 84 ± 13 ka (W10) ermittelt. Die IRSL-Alter der Proben aus dem mittleren Löss liegen bei 142 ± 18 ka (W9), 160 ± 20 ka (W8) und

167 ± 18 ka (W7), das Alter der Probe aus dem Löss im unteren Bodenkomplex (W6) bei 226 ± 29 ka. Für die Proben aus dem unteren Lösspaket wurden IRSL-Alter von 244 ± 30 ka (W5), 252 ± 29 ka (W4), 238 ± 29 ka (W3), 249 ± 29 ka (W2) und 277 ± 33 ka (W1) bestimmt. Die Proben zeigen somit eine kontinuierliche Alterszunahme bis in den oberen Teil des unteren Lösses, in dem die Alter innerhalb des Fehlers übereinstimmen (Abb. 1).

Vergleich man die IRSL-Alter mit den geologisch erwarteten Altern, zeigen sich im oberen Teil der Abfolge gute Übereinstimmungen. Die beiden umgelagerten Schwarzerdenreste werden mit den beiden Frühwürm-Interstadialen korreliert, die Altern von ca. 95 ka und ca. 75 ka entsprechen (vgl. PREUSSER, 2004b). IRSL-Alter von 51 ± 5 ka für den Löss oberhalb des Bodenkomplexes und 81 ± 9 ka für Sediment zwischen den Schwarzerden-resten stimmen mit den Erwartungen sehr gut überein. Gleiches gilt für das mittlere Lösspaket, welches mit der Riss-Eiszeit korreliert wird, deren Alter zwischen 140 ka und 170 ka liegt. Eine Diskrepanz zwischen IRSL-Alter und geologischen Erwartungen ergeben sich allerdings für den unteren Bodenkomplex und das untere Lösspaket. Nach klassischer Vorstellung soll jeder der Parabrauner-denreste einem vollen Interglazial entsprechen, für deren Auftreten von einer 100 ka-Zyklizität ausgegangen wird (TERHORST, 2007). Demnach wird erwartet, dass der untere Bodenkomplex den Zeitabschnitt 200-400 ka repräsentiert. Das Alter der unteren Lösseinheit wäre demnach > 400 ka. Sollte diese Annahme richtig sein, wären die IRSL-Alter aus dem unteren Lösspaket um ca. 200 ka unterbestimmt.

Hierzu ist zunächst festzuhalten, dass beim angewende-ten Lumineszenzverfahren keinerlei Probleme auftraten. Das wird durch alle internen Kontrollfaktoren, die das Verfahren bietet ("recycling ratio, dose recovery, fading test"), eindeutig bestätigt. Weiterhin erreichen die Proben im unteren Teil der Abfolge nicht die Sättigungsdosis. Diese liegt bei > 1500 Gy, während die für Proben ge-messene akkumulierte Dosis 1000 Gy nicht übersteigt. Zudem stimmen die IRSL-Alter der Proben W7-11 aus dem oberen Teil des Profils ausgezeichnet mit den Alters-vorstellungen überein. Eine systematische Unterbestim-mung der Proben durch Signalverluste ("fading") wäre, wenn auch experimentell nicht nachweisbar, theoretisch vorstellbar, sollte dann aber systematisch alle Proben aus dem Profil betreffen. Dies scheint für das Profil Wels nicht zu zutreffen.

Man muss einschränkend darauf hinweisen, dass es bisher nur wenig Erfahrungen mit der Einzel-Aliquot Datierung von Proben gibt, die älter als 150 ka sind. Für den Alpenraum liegen bisher nur zwei Beispiele vor. Zum einen ist dies die Datierung der Meikirch-Sequenz aus der Schweiz (PREUSSER et al., 2005), für die IRSL-Alter zwischen 190-250 ka bestimmt wurden. Diese Alter sind mit der palynostratigraphischen Einordnung der Abfolge konsistent. Das andere Beispiel ist die Datierung der Deckschichen der Hochterrasse bei Sierentz (westliche Flanke des Oberrheintalgrabens, Frankreich), wo nach detaillierten pedologischen Untersuchungen und IRSL-

Datierungen drei ausgeprägte Bodenbildungen in den Zeitraum 190-250 ka (MIS 7) gestellt werden (RENTZEL et al., 2009) (Abb. 1).

Zusammenfassend kann festgehalten werden, dass es für eine signifikante systematische Unterbestimmung der IRSL-Alter keinerlei stichhaltige Hinweise gibt und dass in ähnlich gelagerten Arbeiten (Meikirch, Sierentz) plausible Datierungsergebnisse ermittelt werden konnten. Es liegt somit derzeit aus methodischer Sicht kein Hinweis vor, der Zweifel an der Richtigkeit der IRSL-Alter unterstützen würde.

5. Vergleich mit anderen Klimaarchiven

Aus der oben angeführten Diskussion der IRSL-Alter ergibt sich die Frage, wie die alternative Alterseinschätzung des Profils zu beurteilen ist. Hierzu ist einmal festzuhalten, dass die verbreitete Annahme, dass das Auftreten von Resten von Parabraunerden in einem Profil zwingend eine 100 ka-Zyklizität widerspiegelt, nicht durch unabhängige Daten belegt ist. Tatsächlich gibt es recht eindeutige Hinweise, dass es regional während der beiden Frühwürm-Interstadiale zur Bildung von Parabraunerden gekommen ist (FRECHEN et al., 1995; SCHIRMER, 2000). Die regionalen Unterschiede lassen sich durch unterschiedliche Klimagradienten in der Vergangenheit erklären (ZAGWIJN, 1990), die wiederum durch, im Vergleich zu heute, andere Zirkulationsbedingungen in der Atmosphäre bedingt waren. Über die regionalen Klimabedingungen früherer Warmzeitenkomplexe im Alpenraum, wie MIS 7 oder auch MIS 9, wissen wir heute aber immer noch zu wenig, um hieraus gesicherte Aussagen über potentielle Bodenbildungsbedingungen machen zu können.

Generell ist festzuhalten, dass der vorletzte Warmzeitenkomplex, die Zeit zwischen 190-250 ka (MIS 7), von der Klimadynamik nicht mit dem letzten Warmzeitenkomplex (MIS 5) identisch ist. Das ist in einer Reihe von langen Pollensequenzen eindeutig belegt, so in den Profilen von Praclaux/Lac du Bouchet (Frankreich), Valle de Castiglione (Italien), Ioaninna und Tenaghi Philippon (beide in Griechenland) (TZEDAKIS et al., 2001). Weiterhin zeigt MIS 7 eine deutlich andere Struktur als MIS 5 in marinen Sedimenten (z.B. BASSINOT et al., 1994, MCMANUS et al., 1999) (Abb. 1).

Eine Synthese mariner und terrestrischer Klimaarchive für MIS 7 wurde von DESPRAT et al. (2006) vorgelegt. Demnach entsprich MIS 7 drei ausgeprägten Warmphasen, die durch kühlere Episoden voneinander getrennt werden. Alle drei Warmphasen (Arousa, Ribeira, Rianxo) entsprechen hohen Wassertemperaturen im Nordatlantik, die sich auf ganz Europa ausgewirkt haben müssen. Der nordwestliche Teil der Iberischen Halbinsel war zu diesen Zeiten mit Laubwäldern bestanden (Eichemischwald) (DESPRAT et al., 2006). Gleiches lässt sich für Zentralfrankreich aus dem Pollenprofilen Praclaux/Lac du Bouchet ableiten (REILLE et al., 1998; BEAULIEU et al., 2001). Weiterhin finden sich eindeutige Hinweise

auf eine Teilung des MIS 7 in drei Warmphasen in Stalagmiten aus den Tiroler Alpen (HOLZKÄMPER et al., 2005). Sowohl die marinen als auch die terrestrischen Archive zeigen, dass die erste und die zweite Warmphase durch eine ausgeprägte Kaltphase, deren Maximum bei ca. 225 ka liegt, und die zweite und dritte Warmphase durch eine weniger ausgeprägte Kaltphase voneinander getrennt werden (DESPRAT et al., 2006). Die Phasen vor und nach MIS 7 waren durch ausgeprägte Vergletscherungen zumindest der hohen Breiten gekennzeichnet, was durch den hohen Eintrag an durch Eisberge verfrachtetes Material in den marinen Sedimenten belegt ist (MCMANUS et al., 1999) (Abb. 1). Es liegt nahe, während dieser Zeiten auch eine ausgeprägte Vergletscherung der Alpen zu postulieren. Hinweise dafür, dass diese vermuteten Vergletscherungen den Alpenrand überschritten haben, finden sich im Profil Meikirch bei Bern. Der hier mit großer Wahrscheinlichkeit dem MIS 7 zu zuordnende Warmzeitenkomplex (Meikirch-Komplex), dessen Korrelation auf IRSL-Datierungen und Palynostratigraphie beruht, wird von glazialen Sedimenten unter- und überlagert (PREUSSER et al., 2005).

Vergleicht man die oben aufgeführten Befunde mit der auf IRSL-Datierungen basierenden Chronologie des Profils Wels, zeigen sich eine Reihe von auffälligen Parallelen. So fallen nach den Datierungen in Wels drei Parabraunerden ins MIS 7 was auf drei ausgeprägte Warmphasen schließen lässt. Wie in den marinen Ablagerungen liegt eine ausgeprägte Kaltphase zwischen der ersten und zweiten Bodenbildung, die in Wels durch die auf 218 ± 23 ka datierte Lösslage repräsentiert ist (Maximum in marinen Sedimenten bei 225 ka). Unterhalb und oberhalb des Bodenkomplexes lagern Lösspakte, die als Ablagerungen einer ausgeprägten Vergletscherungsphase interpretiert werden können. In den marinen Archiven entsprechen auch MIS 8 und MIS 6 Phasen mit einer ausgedehnten Vergletscherung in zumindest den hohen Breiten; auf die Belege für Vergletscherungen die zumindest den Rand der Schweizer Alpen überschritten haben wurde schon oben verwiesen. Die IRSL-Alter für das unter und mittlere Lösspaket in Wels fallen ausnahmslos eindeutig ins MIS 8 bzw. MIS 6.

Ein weiteres Argument gegen die von TERHORST (2007) vorgeschlagene Gliederung liefert der Aufbau des Profils. Wenn tatsächlich jede der Parabraunerdenreste einen 100 ka Zyklus widerspiegelt, stellt sich die Frage, warum nur jeweils ein Bodenrelikt der Warmzeitenkomplexe MIS 7, MIS 9 und MIS 11 erhalten ist. Wie in MIS 5 sollten drei Bodenbildungen, zumindest als Schwarzerden, während jeder dieser Perioden stattgefunden haben. Diese Dreiteilung der Warmzeitenkomplexe ist sowohl in den marinen als auch in den terrestrischen Archiven eindeutig belegt (TZEDAKIS et al., 2001; DESPRAT et al.; 2006; u.v.a.). Im Profil Wels finden sich hierfür aber keinerlei Hinweise, noch finden sich deutliche Belege für Erosionsdiskordanzen im Profil. Die einzige mögliche Erklärung wäre dann, dass jeder der Bodenhorizonte einen vollen Warmzeitenkomplex und somit ca. 50 ka wiederspiegelt. In den Kaltphasen zwischen den

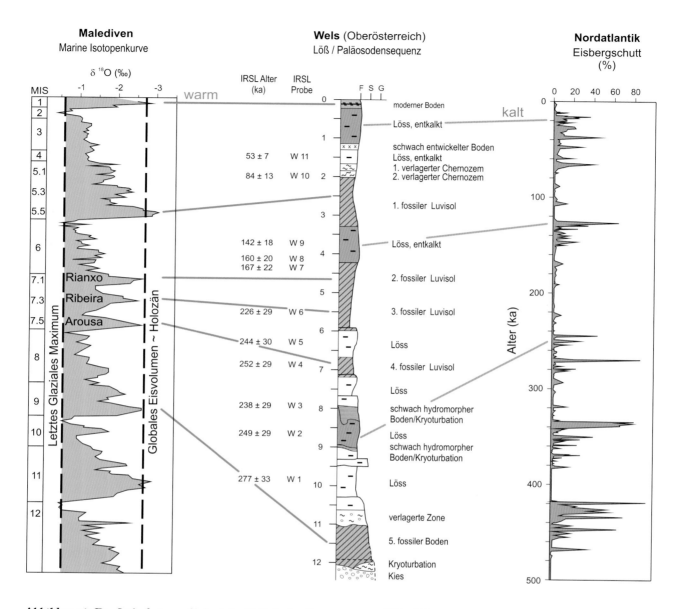

Abbildung 1: Das Lithofaziesprofil der Löss/Paläoboden Sequenzen von Wels (Oberösterreich) im Vergleich zur marinen Isotopenkurve von den Malediven (BASSINOT et al., 1994) und dem Eisbergschutt aus dem Nordatlantik (McMANUS et al., 1999). Für das Profil Wels sind die Probenentnahmestellen der Lumineszenzproben und die IRSL-Altern aufgetragen. Im Isotopenprofil zeichnen sich Eisvolumina auf den Kontinenten sehr deutlich als glaziale und interglaziale Isotopengehalte im Meerwasser ab. Der Eisbergschutt steht auch als Indikator für festländische Abschmelzereignisse. Während glazialer und interglazialer Perioden findet Lössakkumulation bzw. Bodenbildung auf dem Festland statt. Durch einfache Korrelation und Abzählen deutet sich an, dass alle ausgeprägten Warmphasen des marinen Bereiches im untersuchten Lössprofil von Wels dokumentiert sein könnten. Die physikalischen Datierungen bestätigten die einfache und plausible Korrelation zwischen Festland und globalem Ozean auf der Basis der datierten Löss/Paläobodensequenz in Wels (Oberösterreich).

Warmphasen wäre es dann, im Gegensatz zum MIS 5, zu keiner Ablagerung von Sediment gekommen. Die mit dem MIS 7 korrelierten Weilbacher Humuszonen in Westdeutschland würden demnach in Wels fehlen (BIBUS, 1980; BIBUS et al., 1996). Auch im Mährischen Löss ist der dem MIS 7 zugeordnete Paläobodenkomplex zumindest zweigeteilt (FRECHEN et al., 1999). Folgt man der hier vorgestellten Chronologie der Deckschichten von Wels, impliziert dies ein deutlich jüngeres Alter der älteren Deckenschotter in dieser Region, und somit der Günz-Eiszeit, als z.B. von VAN HUSEN (2000)

angenommen. Es ist aber zu bedenken, dass die IRSL-Alter von ca. 250 ka für das untere Lösspaket nur ein Minimalalter für die darunter liegenden Schotter angeben. Der Übergang zwischen Schotterablagerung und Lössbildung ist eindeutig durch mindestens eine ausgeprägte Warmphase getrennt (Bodenbildung im oberen Teil der Schotter) und es ist nicht bekannt, wie viel Zeit in dieser Bodenbildung enthalten ist. Weiterhin sollte aber auch berücksichtigt werden, dass die zeitliche Zuordnung der alpinen Eiszeiten nach VAN HUSEN (2000) auf der Arbeit von RAYMO (1997) beruht,

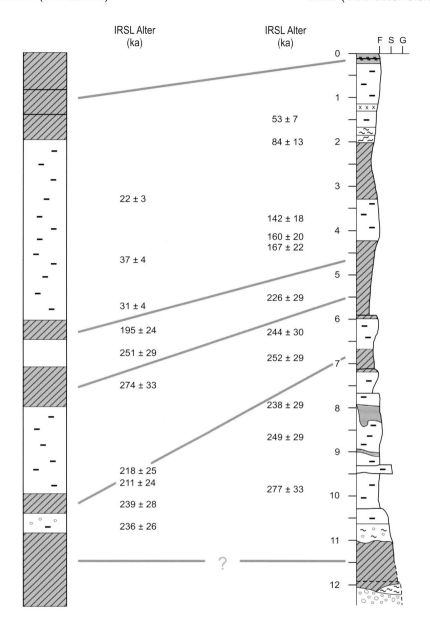

Sierentz (Frankreich)

Wels (Oberösterreich)

IRSL Alter (ka)

IRSL Alter (ka)

Abbildung 2: Dargestellt ist eine mögliche Korrelation auf der Basis von Altersdatierungen der Deckschichtenprofile von Sierentz (umgezeichnet nach Rentzel et al., 2009) und Wels (umgezeichnet nach Preusser & Fiebig, 2009). Bei beiden Profilen handelt es sich um Löss/Paläobodensequenzen auf eiszeitlichen Terrassenkiesen. Die in dieser Abbildung in rot dargestellten Verwitterungszonen im Profil werden mit Bodenbildung während klimatischer Warmphasen des Quartärs in Verbindung gebracht. Durch physikalische Altersdatierungen konnte in beiden Profilen gezeigt werden, dass das dreigeteilte Marine Isotopenstadium (MIS) 7 zwischen 190-250 ka vor heute sich durch drei Bodenbildungen in terrestrischen Deckschichtprofilen Mitteleuropas widerspiegeln kann. Die im vorliegenden Artikel diskutierten Datierungen an den Deckschichten des Profils Wels sind also kein Einzelfall. Dies ist umso überraschender, nachdem jahrzehntelang zwischen klassischem Eem (= MIS 5e) und Holstein (= MIS 9 oder 11) im Alpenvorland praktisch keine Warmzeitbildungen eindeutig identifiziert werden konnten.

welche die alpine Stratigraphie anhand des globalen Eisvolumens zeitlich einordnet. Dieses Vorgehen setzt a priori voraus, dass das Maximum des globalen Eisvolumens mit der maximalen Eisausdehnung in den Alpen übereinstimmt. Das eiszeitliche Eisvolumen der Alpen ist im Vergleich zu den großen Eisschilden, z.B. in Nordeuropa und Nordamerika, jedoch so gering, dass der alpine Beitrag zum globalen Eisvolumen vernachlässigbar ist. Die zeitlich und räumlich unterschiedliche Dynamik von Vergletscherungen wurde bereits für Nordeurasien demonstriert (Svendsen et al., 2004), weshalb der von Raymo (1997) gewählte Ansatz zumindest keine zwingenden Schlüsse auf den Alpenraum erlaubt.

Das Beispiel der Deckschichten der Hochterrasse bei Sierentz (Oberrheintal) verdeutlicht, dass die rein auf geomorphologischen Befunden basierende zeitliche Zuordnung von Terrassenschottern sehr problematisch

sein kann. Nach der Pedostratigraphie und den Datierungen erfolgte die Ablagerung der Hochterrasse an dieser Stelle nicht während der Riss-Eiszeit (MIS 6, ca. 150 ka), sondern weist ein Mindestalter von 250 ka auf (Abb. 2). Schon Miara et al. (1996) haben auf den unterschiedlichen Aufbau der verschiedenen Unterstufen der Hochterrasse im Risstal hingewiesen, woraus sich ergibt, dass die Riss-Eiszeit einen Komplex aus zumindest zwei eigenständigen Vergletscherungen darstellt. Diese werden tentativ mit MIS 6 (ca. 150 ka) und MIS 8 (ca. 250 ka) korreliert. Andererseits haben Fiebig & Preusser (2003) für Hochterrasseablagerungen aus der Region Ingoldstadt gezeigt, dass diese während der frühen Würm-Eiszeit (ca. 115-60 ka) abgelagert wurden. Diese Befunde implizieren, dass es wesentlich mehr bedeutende Vergletscherungen der Alpen gegeben hat, als dies bisher meist angenommen wird.

Probe	Teufe (m)	n	K (%)	Th (ppm)	U (ppm)	W (%)	D (Gy ka⁻¹)	DE (Gy)	Alter (ka)
W11	1.5	8	1.34 ± 0.03	12.86 ± 0.59	3.52 ± 0.12	20.5	3.85 ± 0.36	195.5 ± 1.8	53 ± 7
W10	2.0	8	1.32 ± 0.03	13.06 ± 0.60	3.37 ± 0.11	19.3	3.79 ± 0.41	307.2 ± 4.9	84 ± 13
W9	3.8	8	1.27 ± 0.03	13.25 ± 0.61	3.40 ± 0.12	15.7	3.75 ± 0.35	511.8 ± 17.4	142 ± 18
W8	4.2	8	1.28 ± 0.03	12.91 ± 0.59	3.22 ± 0.11	18.2	3.65 ± 0.34	561.6 ± 14.2	160 ± 20
W7	4.4	8	1.33 ± 0.03	13.09 ± 0.60	2.96 ± 0.10	16.0	3.61 ± 0.33	582.6 ± 29.9	167 ± 22
W6	5.6	8	1.46 ± 0.03	12.67 ± 0.58	2.46 ± 0.08	19.4	3.48 ± 0.31	758.2 ± 36.1	226 ± 29
W5	6.4	8	1.45 ± 0.03	12.55 ± 0.58	2.72 ± 0.09	21.1	3.54 ± 0.32	833.5 ± 13.5	244 ± 30
W4	7.0	8	1.63 ± 0.03	12.38 ± 0.57	2.07 ± 0.07	23.6	3.43 ± 0.29	832.9 ± 16.4	252 ± 29
W3	8.1	7	1.74 ± 0.04	13.00 ± 0.60	2.42 ± 0.08	24.4	3.70 ± 0.32	847.6 ± 37.9	238 ± 29
W2	8.8	8	1.70 ± 0.04	11.97 ± 0.55	2.45 ± 0.08	24.4	3.57 ± 0.30	855.6 ± 7.6	249 ± 29
W1	10.0	8	1.56 ± 0.03	12.30 ± 0.57	2.70 ± 0.09	21.4	3.57 ± 0.32	951.5 ± 19.9	277 ± 33

Tabelle 1: Übersicht über die Daten der IRSL-Datierungen an Proben aus dem Lössprofil von Wels mit Konzentration der dosisrelvanten Elemente (K, Th, U). n = Anzahl der Messungen der DE, W (%) = gemessener Wassergehalt, D = Dosisleistung, DE = Equivalent Dosis mit Standardfehler.

6. Zusammenfassung und Ausblick

Die hier vorgeschlagene chronologische Zuordnung des Profils Wels basiert auf der direkten physikalischen Altersdatierung der Sedimente mittels Lumineszenz. Demnach fällt das untere Lösspaket ins MIS 8 (267-242 ka), der untere Bodenkomplex in das MIS 7 (242-186 ka), das mittlere Lösspaket ins MIS 6 (186-127 ka), der obere Bodenkomplex ins MIS 5 (127-71 ka) und das obere Lösspaket ist jünger als MIS 5. Im oberen und mittleren Teil stimmen die IRSL-Alter sehr gut mit den zeitlichen Vorstellungen überein, die auf der klassischen Erwartung seitens der Lössstratigraphie beruhen. Die chronologische Zuordnung im unteren Teil des Profils ist hingegen kontrovers. Es gibt aus methodischer Hinsicht keine schlüssigen Erklärungen, die eine systematische Unterbestimmung der IRSL-Alter im unteren Teil der Abfolge plausibel erklären würden (siehe PREUSSER & FIEBIG, 2009).

Vergleicht man die IRSL-Chronologie des Profils Wels mit anderen Archiven aus Europa zeichnet das Muster der Phasen von Lössakkumulation und Bodenbildungen den Klimaverlauf wieder, der sich in langen Pollensequenzen und in marinen Ablagerungen findet. Auch wenn es bisher wenig Erfahrungen mit der IRSL-Datierungen von Sedimenten gibt, die älter als 150 ka sind, ist derzeit davon auszugehen, dass die IRSL-Alter den tatsächlichen Ablagerungszeitpunkt der Lösse im Profil Wels widerspiegeln. Daraus ergibt sich eine ganze Reihe von neuen Fragen bezüglich der Lössstratigraphie, als auch für die zum Teil auf der Deckschichtengliederung beruhenden zeitlichen Zuordnung der Terrassenschotter.

7. Danksagung

Die Untersuchungen in Wels wurden durch Dirk van Husen initiiert und in Kooperation mit Jürgen Reitner, Robert Scholger und Birgit Terhorst durchgeführt. Wir danken speziell Dirk van Husen und unseren KollegInnen für die intensive Diskussion der Ergebnisse. Die Lumineszenzdatierungen wurden von FP am Geographischen Institut der Universität zu Köln ausgeführt. Ulrich Radtke und seinem Team sei sehr herzlich für die Unterstützung gedankt. Helene Pfalz-Schwingenschlögel (Institut für Angewandte Geologie, Universität für Bodenkultur, Wien) hat bei der Erstellungen der Abbildung einmal mehr gute Dienste geleistet. Die vorgestellten Untersuchungen wurden von der Kommission für Quartärforschung der Österreichischen Akademie der Wissenschaften finanziell unterstützt. Christoph Spötl gab wertvolle Hinweise zum Manuskript. Herzlichen Dank!

8. Literatur

BASSINOT, F.C., LABEYRIE, L.D., VINCENT, E., QUIDELLEUR, X., SHACKLETON, N.J. & LANCELOT, Y., 1994. The astronomical theory of climate and the age of the Brunhes-Matuyama magnetic reversal. — Earth and Planetary Science Letters, **126**:91–108.

BEAULIEU, J.-L. de, ANDRIEU-PONEL, V., REILLE, M., GRÜGER, E., TZEDAKIS, C. & SVOBODOVA, H., 2001. An attempt at correlation between the Velay pollen sequence and the Middle Pleistocene stratigraphy from central Europe. — Quaternary Science Reviews, **20**:1593–1602.

BIBUS, E., 1980. Zur Relief-, Boden- und Sedimententwicklung am unteren Mittelrhein. — Frankfurter Geowissenschaftliche Arbeiten, D1, 296 S.

BIBUS, E., BLUDAU, W., BROSS, C. & RÄHLE, W., 1996. Der Altwürm- und Rissabschnitt im Profil Mainz-Weisenau und die Eigenschaften der Mosbacher Humuszonen. — Frankfurter Geowissenschaftliche Arbeiten, D20:21–52.

DESPRAT, S., SÁNCHEZ GOÑI, M.F., TURON, J.L., DUPRAT, J., MALAIŻE, B. & PEYPOUQUET, J.P., 2006. Climatic variability of Marine Isotope Stage 7: direct land-sea-ice correlation from a multiproxy analysis of a north-western Iberian margin deep-sea core. — Quaternary Science Reviews, 25:1010–1026.

DEHNERT, A. & SCHLÜCHTER, C., 2008. Sediment burial dating using terrestrial cosmogenic nuclides. — Eiszeitalter und Gegenwart (Quaternary Science Journal), 57:210–225.

ELLWANGER, D., BIBUS, E., BLUDAU, W., KÖSEL, M. & MERKT, J., 1995. Baden Württemberg. — [in:] BENDA, L. (Hrsg.). Das Quartär Deutschlands. S. 255-295.

FIEBIG, M. & PREUSSER, F., 2003. Das Alter fluvialer Ablagerungen aus der Region Ingolstadt (Bayern) und ihre Bedeutung für die Eiszeitenchronologie des Alpenvorlandes. — Zeitschrift für Geomorphologie, Neue Folge, 47:449–467.

FRECHEN, M., BOENIGK, W. & WEIDENFELLER, M., 1995. Chronostratigraphie des „Eiszeitlichen Lössprofils" in Koblenz-Metternich. — Mainzer geowissenschaftliche Mitteilungen, 24:155–180.

FRECHEN, M., ZANDER, A., CILEK, V. & LOZEK, V., 1999. Loess chronology of the last interglacial/glacial cycle in Bohemia and Moravia, Czech Republic. — Quaternary Science Reviews, 18:1467–1493.

HÄUSELMANN, P., FIEBIG, M., KUBIK, P.W. & ADRIAN, H., 2007. A first attempt to date the original „Deckenschotter" of Penck and Brückner with cosmogenic nuclides. — Quaternary International, 164-165:33–42.

HOLZKÄMPFER, S., SPÖTL, C. & MANGINI, A., 2005. High-precision constraints on timing of Alpine warm periods during the middle to late Pleistocene using speleothem growth periods. — Earth and Planetary Science Letters, 236:751–764.

JERZ, H., 1995. Bayern. — [in:] BENDA, L. (Hrsg.). Das Quartär Deutschlands. S. 296-326.

KOHL, H., 1976. Lehmgrube der Ziegelei Würzburger in Aschet bei Wels. — Mitt. Komm. Quartärforsch. Österr. Akad. Wiss., 1:37–41.

KUKLA, G., 2005. Saalian supercycle, Mindel/Riss interglacial and Milankovitch's dating. — Quaternary Science Reviews, 24:1573–1583.

McMANUS, J.F., OPPO, D.W. & CULLEN, J.L., 1999. A 0.5-Million-year record of millennial-scale climate variability in the North Atlantic. — Science, 283:971–975.

MIARA, S., ZÖLLER, L. & RÖGNER, K., 1996. Quartäraufschlüsse bei Baltringen/Riß und Gliederung des Riß-Komplexes - neue stratigraphische, pedologische und geochronologisches Aspekte. — Zeitschrift für Geomorphologie, 40:209–226.

MUTTONI ,G., CARCANO, C., GARZANTI, E., GHIELMI, M., PICCIN, A., PINI, R., ROGLEDI, S. & SCIUNNACH, D., 2003. Onset of major Pleistocene glaciations in the Alps. — Geology, 31:989–992.

PREUSSER, F., 2004a. Lumineszenzdatierung von Sedimenten als Beitrag zur Rekonstruktion der pleistozänen Klimageschichte des Alpenraums. — Zeitschrift für Gletscherkunde und Glazialgeologie, 38:95–116.

PREUSSER, F., 2004b. Towards a chronology of the Upper Pleistocene in the Northern Alpine Foreland. — Boreas, 33:195–210.

PREUSSER, F., DRESCHER-SCHNEIDER, R., FIEBIG, M. & SCHLÜCHTER, C., 2005. Re-interpretation of the Meikirch pollen record, Swiss Alpine Foreland, and implications for Middle Pleistocene chronostratigraphy. — Journal of Quaternary Science, 20:607–620.

PREUSSER, F., DEGERING, D., FUCHS, M., HILGERS, A., KADEREIT, A., KLASEN, N., KRBETSCHEK, M., RICHTER, D. & SPENCER, J., 2008. Luminescence dating: Basics, methods and applications. — Eiszeitalter und Gegenwart (Quaternary Science Journal), 57:95–149.

PREUSSER, F. & FIEBIG, M., 2009. European Middle Pleistocene loess chronostratigraphy: Some considerations based on evidence from the Wels site, Austria. — Quaternary International, 198:37–45.

RAYMO, M.E., 1997. The timing of major climatic terminations. — Paleoceanography, 12:577–585.

REILLE, M., ANDRIEU, V., BEAULIEU, J.-L. de, GUENET, P. & GOEURY, C., 1998. A long pollen record from Lac du Bouchet, Massif Central, France: for the period ca. 325 to 100 ka BP (OIS 9c to OIS 5e). — Quaternary Science Reviews, 17:1107–1123.

RENTZEL, P., PREUSSER, F., PÜMPIN, C. & WOLF, J.-J., 2009. Loess and palaeosols on the High Terrace at Sierentz (France), and implications for the chronology of terrace formation in the Upper Rhine Graben. — Swiss Journal of Geosciences, 102:387–401.

SCHIRMER, W., 2000. Eine Klimakurve des Oberpleistozäns aus dem rheinischen Löss. — Eiszeitalter und Gegenwart, 50:25–49.

SVENDSEN, J.I., ALEXANDERSON, H., ASTAKHOVC, V.I., DEMIDOVD, I., DOWDESWELLE, J.A., FUNDER, S., GATAULLING, V., HENRIKSEN, M., HJORT, C., HOUMARK-NIELSEN, M., HUBBERTEN, H.W., INGOLFSSON, O., JAKOBSSON, M., KJÆR, K.H., LARSEN, E., LOKRANTZ, H., PEKKA LUNKKA, J., LYSA, A., MANGERUD, J., MATIOUCHKOV, A., MURRAY, A., MOLLER, P., NIESSEN, F., NIKOLSKAYA, O., POLYAK, L., SAARNISTO, M., SIEGERT, C., SIEGERT, M.J., SPIELHAGEN, R.F. & STEIN, R., 2004. Late Quaternary ice sheet history of northern Eurasia. — Quaternary Science Reviews, 23:1229–1271.

TERHORST, B., 2007. Korrelation von mittelpleistozänen

Löss-/Paläobodensequenzen in Oberösterreich mit der marinen Sauerstoffisotopenkurve. — Quaternary Science Journal (Eiszeitalter und Gegenwart), **56**:172–185.

TZEDAKIS, P.C., ANDRIEU, V., BEAULIEU, J.-L. de, BIRKS, H.J.B., CROWHURST, S., FOLLIERI, M., HOOGHIEMSTRA, H., MAGRI, D., REILLE, M., SADORI, L., SHACKELTON, N.J. & WIJMSTRA, T.A., 2001. Establishing a terrestrial chronological framework as a basis for biostratigraphical comparisons. — Quaternary Science Reviews, **20**:1583–1592.

VAN HUSEN, D., 2000. Geological processes during the Quaternary. — Mitteilungen der Österreichischen Geologischen Gesellschaft, **92**:135–156.

ZAGWIJN, W., 1990. Vegetation and climate during warmer intervals in the Late Pleistocene of western and central Europe. — Quaternary International, **3/4**:57–67.

ZANDER, A., 1999. Zur Stratigraphie des Lößprofile von Zeměchy, Tschechische Republik. — [in:] BECKER-HAUMANN, R. & FRECHEN, M. (eds.). Terrestrische Quartärgeologie, 161–176, Logabook, Köln.

Guidelines for Authors

1) **Manuscripts**, including figures, figure captions and tables, should be submitted in duplicate form when the article is sent on floppy disc (only in 3 1/2" size), ZIP-disk or CD. Three copys are required for articles not on floppy disc. The editor decides about accepting the article after obtaining reviews.

Following elements must be included:
Title page of manuscript: Title, Authors, names and initials, Address (and footnote with address for correspondence, if different)
Abstract in English and German
Introduction
Materials and methods
Results
Discussion and Conclusions
Acknowledgements
References

2) Your findings of statements should be outlined in the **Introduction**. Sufficient details of methods and equipment should be provided so that another worker can repeat your work, but minute details that are generally known should be omitted.

3) The **position of tables and illustrations** should be indicated in the margin of the manuscript. All pages should be numbered consecutively. The title page should include a concise, informative title, the names of all authors, and the name of the institution where the work was done. Plates will be added at the end of the paper. The display area is 166 x 240 mm.

4) The **Abstract** should cover the main points of the article and contain a statement of the problem, methodes, results and conclusion. If a german version is not possible the editor will translate the abstract.

5) **The text** of the paper should be divided into Introduction, Materials and Methodes, Results, Discussion and Conclusion. Figures, tables and figure captions should be submitted on separate sheets. Footnotes should be avoided whenever possible.

6) **References** should be listed alphabetically at the end of the paper and styled as in the following examples:
Journal papers: Names and initials of all authors, year, full title, journal abbreviated in accordance with international practice, volume number, first and last page numbers.
ABEL, O. & KYRLE, G., 1931. Die Drachenhöhle bei Mixnitz. — Speläolog. Monogr., 7–9:1–952, Wien.

Books: Names and initials of authors, year, article titel, editor(s), title of book, page, numbers, edition, volume number, place (publisher).
MICHELSEN, A., 1974. Hearing in invertebrates. – [in:] KEIDEL, W.D. & NEFF, W.D. (eds.). Handbook of sensory physiology. — 1:389–422, Berlin – Heidelberg – New York (Springer).

7) **Citations** in the text should read: (MEYER, 1860) or MEYER (1860). When a paper has more than two authors, the style: MEYER et al. (1860) should be used. The convention (BROWN, 1979a), (BROWN, 1979b) should be used when more than one paper is cited in the same year.

8) **Genus and species names** should be underlined once for italics. Units and abbreviations: Standard International Rule should be used in the journal.

9) **List of synonyms**: Lists have to meet the terms of references in Richter (1948, p. 54, Einführung in die zoolog. Nomenklatur. – 2. Auflage (Verlag W. Kramer, Frankfurt/M.).

10) **Tables** should be numbered consecutively and typed on separate pages. They should be self-explanatory and should supplement, not duplicate, the text. Each table must have a caption.

11) **Illustrations** must be restricted to the minimum needed to clarify the text. All figures should be numbered consecutively in Arabic numerals and must be referred to in the text. Where possible, figures should be grouped, bearing in mind that the maximum display area for figures and captions is 166 x 240 mm.

12) **Proofs**. Authors will receive one set of proof. Typographical errors should be corrected and returned together with the manuscript. A charge will be made for major changes introduced after an article has been typeset.

13) **Offprints**. For each paper, authors will receive a printable pdf-version of the article free of charge. Any number of additional hardcopies will be purchased. Orders should be placed when returning the proof.

14) **Submission of digital information**. In order to achieve a consistent workflow texts should be sent as Word-files, RTF- or plain text files. Illustrations, as far as bitmaps are concerned, are to be sent in TIFF or genuine Adobe Photoshop- or Corel Photopaint-format, vectorized graphics are accepted in Adobe Illustrator- or CorelDraw-format.

Published Volumes

Volume 1 (1976): Exkursion durch den österreichischen Teil des Nördlichen Alpenvorlandes und den Donauraum zwischen Krems und Wiener Pforte (Erweiterter Führer zur Exkursion aus Anlaß der 2. Tagung der IGCP-Projektgruppe „Quarternary Glaciation in the Northern Hemisphere".

Volume 2 (1977): PESCHKE, P. Zur Vegetations- und Besiedelungsgeschichte des Waldviertels (Niederösterreich).

Volume 3 (1981): SCHMIDT, R. Grundzüge der spät- und postglazialen Vegetations- und Klimageschichte des Salzkammergutes (Österreich) aufgrund palynologischer Untersuchungen von See- und Moorprofilen.

Volume 4 (1982): HANSS, Ch. Spätpleistozäne bis postglaziale Vegetations- und Klimageschichte des Salzkammergutes (Österreich) aufgrund palynologischer Untersuchungen von See- und Moorprofilen.

Volume 5 (1982): BECKER, B. Dendrochronologie und Paläoökologie subfossiler Baumstämme aus Flußablagerungen. Ein Beitrag zur nacheiszeitlichen Auenentwicklung im südlichen Mitteleuropa.

Volume 6 (1986): HILLE, P. & RABEDER, G. (eds.). Die Ramesch-Knochenhöhle im Toten Gebirge.

Volume 7 (1987): VAN HUSEN, D. Das Gebiet des Traungletschers, OÖ. Eine Typregion des Würm-Glazials.

Volume 8 (1992): NAGEL, D. & RABEDER, G.: Das Nixloch bei Losenstein-Ternberg.

Volume 9 (1995): RABEDER, G. (ed.). Die Gamssulzenhöhle im Toten Gebirge.

Volume 10 (1997): DÖPPES, D. & RABEDER, G. (eds.). Pliozäne und pleistozäne Faunen Österreichs.

Volume 11 (1999): RABEDER, G. Die Evolution des Höhlenbärengebisses.

Volume 12 (2001): VAN HUSEN, D. (ed.). Klimaentwicklung im Riss/Würm Interglazial (Eem) und Frühwürm (Sauerstoffisotopenstufe 6-3) in den Ostalpen.

Volume 13 (2004): PACHER, M., POHAR, V. & RABEDER, G. (eds.). Potočka zijalka – Palaeontological and Archaeological Results of the Campaigns 1997-2000.

Volume 14 (2005): NAGEL, D. (ed.). Festschrift für Prof. Gernot Rabeder.

Volume 15/1 (2006): KNAPP, H. Samenatlas – Teil 1, Caryophyllaceae

Volume 15/2 (2006): KNAPP, H. Samenatlas – Teil 2, Ranunculaceae

Volume 16 (2008): LUZIAN, R. & PINDUR, P. (eds.). Prähistorische Lawinen – Nachweis und Analyse holozäner Lawinenereignisse in den Zillertaler Alpen, Österreich. Der Blick zurück als Schlüssel für die Zukunft.

Volume 17 (2010): RABEDER, G., PACHER, M. & WITHALM, G.: Early Pleistocene Bear Remains from Deutsch-Altenburg (Lower Austria) / Die altpleistozänen Bären von Deutsch-Altenburg (Niederösterreich)

Volume 18/1+2 (2010): KNAPP, H. Samenatlas – Teil 3, Fabaceae; Teil 4, Hypericaceae

Distribution:

http://verlag.oeaw.ac.at/